U0179045

How Children Learn
Mathematics

浪花朵朵

儿童怎样
学习数学

〔英〕帕梅拉·利贝克

大陆 著

译

A Guide for Parents and Teachers
给 父 母 和 教 师 的 指 南

浙江科学技术出版社

致马丁、吉莉安和海伦，
他们在数学上的发展让人欣喜不已。

译者序

《儿童怎样学习数学——给父母和教师的指南》（以下简称《儿童怎样学习数学》）是一本深入浅出的专业数学教育著作，它所传递的数学教育理念对孩子们数学启蒙的启迪性和实用性，相信读者都能切实感受到。本书的作者帕梅拉·利贝克毕业于牛津大学数学系，有着深厚的数学功底，她长期从事中小学数学教育工作，同时还是三个孩子的母亲。正是基于这样的多重角色，她才能在本书中综合数学理论、教学经验、教学技巧和课程设计，既通俗又精确地讲述了从学前到小学各阶段（侧重于低、中年级）孩子们的认知特点、数学教育的目标和具体的教学方法。

由于我在中国科学院读研究生时所学习的专业是关于大脑的学习与记忆的，所以在十五年的儿童教育生涯里，我一直非常重视从贴合孩子们认知发展能力的角度出发，给他们提供学习方法的指导。第一次读到《儿童怎样学习数学》这本书时，我感到非常惊喜，因为帕梅拉老师融入了许多从大脑认知和心理学角度来说非常科学的见解，我对其中的许多观点和教学思路都心有戚戚焉。

此外，我毕业后一直从事家庭教育方面的研究和工作，和几万名家长有过深入交流，收集了几百万字的家庭辅导疑难问题。十几年来，我一直从家庭教育的角度思考父母应该如何做好孩子的数学启蒙。家庭启蒙与学校教育有所不同，如何使得两者协同一致，是孩子们数学能力发展的关键所在。在这一点上，这本书能给读者带来很大的启发。

这本书还有一个特色就是帕梅拉老师所提供的各种游戏活动都非

常适合家庭操作，也很容易引入课堂。它们形式多样，操作简便，能极大地激发孩子们的兴趣，帮助他们更好地理解抽象概念。

所以，《儿童怎样学习数学》是一本兼顾儿童心理认知特点和成人教学辅导方法的指导用书，既全面系统，又不枯燥。在当前铺天盖地的思维教育类书籍中，它显得尤为独特，我相信读者很难找出一本与之类似或可替代的数学教育用书。所以当编辑找到我，希望我翻译此书时，我毫不犹豫地答应了。它值得每一位父母和小学数学教师仔细阅读，把书中的理念和方法应用到实际中。

很多孩子学不好数学，也惧怕数学这门课。他们在数学学习中不求甚解，也不愿主动思考，只是跟在老师后面亦步亦趋，老师教什么就学什么，学到什么就套用什么，其结果往往是做再多的题也仍然一知半解，学过的知识也会反复遗忘。数学概念的割裂和逻辑思考的缺乏，在初等教育中可谓是灾难性的普遍现象。如果小学阶段的数学基础没有打好，就无法与中学阶段的数学学习衔接起来。那么学好数学的要诀到底是什么呢？《儿童怎样学习数学》这本书为我们指明了方向，它提出了孩子们学习数学的关键性步骤，或者说每个孩子都会经历的学习阶段：先用具象物体进行探索体验，然后用口头语言来描述这种体验，再用图画的形式来表示，最后掌握概括这种体验的书面符号，即"体验—语言—图画—符号"四个步骤。

全书共二十一章。第一章提出了整本书的核心理念，即上述四个学习步骤，此后每讲到一个数学概念都会与之联系起来，切实地指导父母和教师如何引导孩子们学习，要经历哪些步骤，从而帮助他们理解和掌握这些概念。帕梅拉老师认为，孩子们学习数学，必须经历这样的抽象化过程才能取得进步。尽管国内外也有一些与之类似的观点，但是鉴于其把这四个步骤联系到一起，系统、全面、详尽地讲述了孩子们从学前到小学的整个学习过程中是如何经历这四个步骤的，所以这本书仍然具有不可替代性。帕梅拉老师在第一章末尾就一针见血地指出，没有哪一本书可以从孩子们需要的地方开始，即体验和口头语言。可见身为数学专家、教师和母亲的帕梅拉老师，深知孩子们的数学启蒙始于他们的游戏活动以及父母、教师与他们的日常交流。

第二章是相当关键的一章：从"体验"和"语言"两个步骤入手，阐述了孩子们是如何形成概念的。换个角度来说，它讲的是成人应该如何给孩子们提供充足的体验活动来让他们接触概念，并通过口头语言的描述来帮助他们慢慢形成概念。这一章并非只有理论性内容，帕梅拉老师通过生动的例子让读者很容易就掌握"求同""分类""配对""排列"这四个相当重要的概念。父母可以参考书中的一些范例，尝试在日常生活中对孩子进行数学启蒙；小学教师也能从对这些概念的描述中看到它们是如何与我们的小学数学衔接的。"求同"，即通过观察和比较，发现事物的共同属性，小学阶段可以扩展到寻找同样的数学关系。例如，这些题都是加法，那些题都是减法；一些题是"乘加"类的题，另一些题则是"减除"类的题。在学习几何图形时，孩子们也要学会观察和比较，从中找出相同的图形来。"分类"，是"求同"的拓展延伸，孩子们首先要掌握的是根据什么样的标准来分类。分类思维在解答数学问题时是一种很重要的数学方法。"配对"，也就是一一对应，是孩子们学会计数、计算、掌握对应关系的关键。很多孩子只是在幼儿阶段有过一些形式上的配对体验，但在此后的数学学习中，成人没有把这个概念渗透进去，训练他们解决问题的技能，那么他们对这个概念的学习就成了纯粹形而上的学习，而无法真正把它应用起来。"排列"，是一种高级的比较，也就是说，上述概念的形成是环环相扣的。小学生在认识数的过程中，从 20 以内到 100 以内、

1000 以内、10000 以内，再到分数、小数，每一次扩展数领域，他们都会遇到把数进行比较、排列的情况。很多孩子正是因为早期缺乏比较、排列的体验，到了小学直接进入抽象符号阶段，在学习上就会总比别人慢一拍，甚至严重落后。第二章还提到了一个关键的心理学概念"噪声"。孩子们对概念的理解产生偏差或者不够深入，与他们的体验活动单一有关。帕梅拉老师在这里特别强调了数学教学成功的关键在于"重复"。这里的重复并不是通常大家所理解的简单机械地重复做题，而是说我们要使用多种教学器材，向孩子们提供不同形式的活动。在多样化的情景中，我们就能尽量避免孩子们对概念的理解产生偏差，因为不同的活动可以从不同的方面来阐述概念，通过多次体验，孩子们才能真正明白这个概念的核心和要义是什么。我相信读者很容易把"噪声"这个概念应用到家庭辅导或学校教学中，也很容易在日常生活中发现与之契合的例子。

第三章至第七章的内容，与我国学龄前孩子在幼小衔接阶段所应掌握的内容相呼应。帕梅拉老师在第三章一开头讲到，孩子们学习数学，往往初期要比后期困难许多，需要经历漫长的过程才能取得进步。她用从一堆糖中数出红色糖的数量这个例子，说明看似简单的计数竟包含六个不同的环节，对于孩子们来说，这是一个何等复杂的过程！第三章和第四章，帕梅拉老师向父母和教师讲述了"数数"练习的重要性、如何帮助孩子们理解数概念以及具体的指导内容。我认为这一点对学龄前孩子来讲尤其重要，为了避免其在小学阶段对数概念认识不足，父母和幼儿教师要把好"数数"这一关，做到充分、反复地练习。孩子们有了这样的基础，我们才能引导他们进入第五章的学习，即加减法的启蒙。要特别强调的是，这一章所讲的加减法，与孩子们以后在小学阶段所学的加减法有所不同。帕梅拉老师认为此时不应使用成人的语言，而应把幼儿阶段的学习和实际的探索体验联系起来，用恰当的语言来描述一些概念的含义。我非常认同这个观点，学龄前孩子不是不能进行加减法学习，但他们首先要把它和数概念联系起来，即对"数量"的多少有认知。我们要通过大量生活中的例子让孩子们明白，"比 3 多 2 就是 5"可以用来解释"3+2=5"这道算式的含义。在幼儿阶段，学习数学都要先理解含义，而不是一开始就让孩子们直接去做运算。这本书提供了很多有价值的活动，可以帮助他们理解各种运算的含义，进而顺利衔接以后在学校的学习。第六、七章的内容，是对前面章节内容的拓展、巩固和应用，所介绍的活动也是孩子们十分喜欢且乐于尝试的。

第八章介绍了皮亚杰理论，向父母和教师普及了儿童认知发展的各个阶段，并重点讲述了一些存在争议的地方。本章发人深省的地方在于对"语言"这一要素的阐释，我相信读者读到这里也不禁会思考，当孩子们学习出现问题的时候，到底是他们的认知发展阶段所限，还是他们对某些语言的理解与成人不同所致？父母和教师在辅导和教学中要充分考虑"语言表述"这一点，这或许是解决一些困境的途径。

第九章至第十九章，按照由浅至深、循序渐进的原则，介绍了大量丰富的活动，帮助孩子们形成各种概念，促使他们把这些概念相互联系起来，加深理解，并把它们应用到实际中。这十一章内容都是依据第一章所讲到的四个学习步骤来展开讲述的。随着阅读的深入，读者对这四个学习步骤在数学学习上的意义会有更多的理解，也能不断领悟和掌握辅导和教学中的一些技巧。这十一章内容也和我国小学数学课本的内容十分契合，对教师的数学教学能起到很好的补充、巩固作用。尤其是书中介绍了大量游戏性的活动，非常适合在家中或课堂上进行互动，让孩子们在玩中也能学数学。

第二十章讲述的是计算器。这一章的内容正好是学校教学的补充，帕梅拉老师从另外一个角度阐述了计算器的用途，值得我们深入探讨。

第二十一章介绍了不同心理学家的发展理论，除了大家熟知的皮亚杰外，还有理查德·斯根普，他提出了层级概念，强调了数学可以被看成一个由各个层级概念组成的系统。此外，他也强调了情绪在学习中的重要作用。杰罗姆·布鲁纳的学习理论则体现了本书的一个核心思想：孩子们学数学，需要依照数学的知识结构，按照一定的知识编排顺序进行，不能跳跃，要逐级而上。卓顿·迪恩斯的游戏理论则可能给读者带来启发，把孩子们学数学看成一系列有层级的游戏，如果要让孩子们达到能够用抽象的方式解决问题的程度，他们就需要先有丰富而多元化的活动体验。在本章的结尾，帕梅拉老师再次重申了贯彻本书始终的"体验—语言—图画—符号"四个步骤，相信读者此时已经对它有了深刻、全面的理解和体会，且能够将它切实地应用于实际的辅导和教学中。

最后，我要感谢我的先生，他在我翻译本书的过程中，毫无怨言地替我承担了许多家庭责任。我常感叹，一个家庭的运作，也是环环相扣的，若是某个环节脱节，就会影响整体发展。孩子们的学习也是如此，每一个环节都很重要，要不断帮助他们回顾知识，把各种概念联系起来，并应用到实际生活中，为他们以后的学习打下坚实的基础。

大陆

2022 年 5 月

前　言

进步可能曾经是好的，但它持续得太久了。

——奥格登·纳什

　　自从学校开始教数学，就涌现出许多倡导变革的改革者。在 20 世纪 70 年代，改革者们非常强调让孩子们理解数学的结构，而不重视让他们学会日常的计算。有一个反对这些先驱者的典型玩笑是这样的：他们坚持认为孩子们应该理解 $5 \times 3 = 3 \times 5$，但是并不关心他们是否知道 $5 \times 3 = 15$。比起计算能力，数学结构在当时是教学重点。到了 20 世纪 70 年代末和 80 年代，人们关心的重点则转向另一个极端。因为公司领导们认为员工不善于计算，于是向学校提出建议："让孩子们学会计算，至于理解力，就随它去吧。"

　　当然，公司领导们想要的自然不是盲目地计算，而是能够运用数学解决实际问题的能力。然而，在理解相关的数学结构以及拥有相应的计算能力之前，是无法有效解决实际问题的。要算出长 5 厘米、宽 3 厘米的长方形的面积是多少，单纯知道 $5 \times 3 = 15$ 和 $5 + 3 = 8$ 是没有用的，你必须知道这道题应该怎么计算。再者，除非你理解 $5 \times 3 = 3 \times 5$，要不然你不会用 3 张 5 元钞票来购买 5 棵单价 3 元的植物。

　　当我们只教计算能力的时候，就会有人提出需要理解；当我们仅仅为了理解而教学的时候，又会有人提出培养计算能力的需求。其实两者都需要。只有同时具备这两方面的能力，我们才能解决实际问题。为了解决实际问题，我们需要理解数学。反过来说，为了理解数学这样抽象的概念，我们也需要去探究实际问题。当孩子们学习数学时，他们要用真实的事物来做游戏，探究自己感兴趣的实际问题。

英国的《1988年教育改革法》为学校提供了国家课程。就数学来说，国家课程的目标是设立标准，而不是改革现有的教学。它规定了数学教育的核心内容，但没有规定如何教学。这本书建议我们如何利用孩子们的认知天性，帮助他们为数学的深入学习打下坚实的基础，一步一个脚印地走下去。它力求在理解和计算能力之间建立适当的平衡。

第一章提出了向孩子们介绍数学概念的基本方法。第二章至第七章和第九章至第二十章介绍了具体的数学教学内容以及相关的数学活动。在每一章的结尾，还列出了做活动所需要的器材以及给读者的建议。第八章和第二十一章则简述了心理学家在儿童发展心理学和学习理论方面的一些成就。

在写这本书的过程中，我得到三位热心人士的极大帮助——吉莉安·利贝克是一位具有丰富实践经验的数学老师，马里恩·乔丹是一位对数学很感兴趣的家长，汉斯·利贝克是一位专业的数学家。他们三位都用鹰眼般的目光阅读了手稿，指出了一些冗余的、前后不一的、还需进一步阐明的地方。如果还存在什么问题，当然要怪他们喽！我感谢他们，也感谢露丝·伊格尔、约翰·斯洛博德和约翰·阿姆斯特朗，他们阅读并修订了部分手稿。最后要感谢企鹅图书公司的工作人员，他们在这本书的出版过程中给予了很大的支持。

帕梅拉·利贝克
1990 年 1 月

目 录

第一章 | 关于为什么以及如何学数学的 6 个问题

> 他一肚子忧愁，一会儿问自己："为什么？"一会儿又想："啥原因？"一会儿又寻思："怎么回事？"
>
> ——艾伦·亚历山大·米尔恩《小熊维尼》

1. 我们为什么教数学？

在《科克罗夫特报告》[①]中，首先提出的就是这个问题。这个报告给出的回答是：数学在科学、商业、工业领域以及日常生活中都有极大的用处，因为它不仅提供了强大、简洁、明确的沟通方式，而且提供了解释和预测的方法。它通过符号来实现其强大的功能，这些符号有自己的"语法"。报告还指出，数学能够发展逻辑思维，具有美学上的吸引力。

2. 为什么人们喜欢数学？

有些人喜欢数学，可能是因为数学有用。不过，我们之所以被数

[①] 20 世纪 80 年代初，英国政府部门和有关机构公布了许多文件和法令，其中与数学教育有关的就是《科克罗夫特报告》。它不仅在英国被公认为 20 世纪 80 年代整个数学教育改革的纲领性文件，在国际上也具有重大影响。

学吸引，更可能是因为从中获得智力和美学上的满足，对于孩子们尤其如此。所以教师应当始终意识到这一点：尽管是因为数学有用，学校才分配了很多时间给数学学科，但对于孩子们来说，数学之所以打动他们，就如同音乐和艺术一样，是基于智力和审美意义上的反应。

3. 为什么数学能像音乐、艺术一样对人有美学上的吸引力呢？

首先我们必须认识到，个体差异会使得每个人对音乐或艺术产生不同的反应。我们并不都喜欢同一种音乐，当然也不可能期望每个人都喜欢同一种数学。不过音乐和艺术让我们感到愉悦的基础在于其中有一定的规律性，而我们容易被有规律的事物吸引，下面的例子能体现出数学也能引发这种反应。

正如你知道的，1、3、5、7……被称为奇数。让我们来做一道题：把前 100 个奇数相加。即便是使用计算器，做这道题也需要很久，而且很乏味。我们本能地会抗拒这种计算（抗拒单调的计算是数学能力有发展前途的表现）。现在让我们先把最前面的 2 个奇数相加：

$$1+3=4$$

接着，让我们把最前面的 3 个、4 个、5 个奇数都分别相加，并停下来想一想：

$$1+3+5=9$$
$$1+3+5+7=16$$
$$1+3+5+7+9=25$$

看一下以上得数，即 4、9、16、25。如果我们熟悉乘法表的话，就会把这些数和 2×2、3×3、4×4、5×5 联系起来。于是，我们就发现了一个规律：

前 2 个奇数之和是 2×2，

前 3 个奇数之和是 3×3，

前 4 个奇数之和是 4×4，

前 5 个奇数之和是 5×5。

现在你是不是本能地联想到前 100 个奇数之和就是 100×100 呢？我们并没有证明它是这样，但是规律的神奇之处就在于，它能让你觉得好像不需要去验证，它就是这样的。用代数的方法或者用计算器去计算，都能得出正确的答案是 10 000，然而我们无须用这些方法就预测出结果了。

4. 数学经常被称为"抽象"的学科，这是什么意思？

尽管数学具有强大的实用性，能够解决很多具体问题，但说它是一门抽象的学科也无可非议，这听起来似乎是矛盾的。一次数学运算或者一个数学公式，如 $e^{i\pi}+1=0$ [①]，并没有体现出和任何具体事物的联系。但最复杂的数学也扎根于现实世界中，可以称之为"来自现实世界的抽象"。即便是"2"，也是一种抽象概念。如果你没有见过各种成双成对的事物（例如一双眼睛、一双鞋子、一对翅膀），并从中总结出共同属性，你就不能真正理解"2"。只有理解了"2""3""4"等类似的概念后，你才能明白什么是"数"。"数"是从一系列抽象概念中抽象出来的。"数的加法"是比"数"更高一级的抽象概念。数学包含逐级递进的抽象的层级结构，假如我们没有理解较低层级的抽象概念，就不可能理解以之为基础的更高层级的任何数学概念。

---

① 这是著名的"欧拉公式"，被数学家们评价为"上帝创造的公式"。

当然，语言本身就是抽象的，我们通过语言来表达数学。但是语言一般并不包含数学这种逐级递进的层级结构。教师的职责就是引领孩子们经历这种层级结构的递进，又不和现实世界割裂。

5. 我们的大脑是如何处理这个层级结构的？

当我看到"143"这个符号的时候，我并没有想象眼前有 143 个物体，这时我是否和现实世界脱节了呢？

不，没有脱节。符号是数学的基本要素。它把层级概念浓缩成一种"容易操作"的形式，理解"143"这个符号，你不需要去想象143 个物体，但必须弄懂一种很有用的记数法。在这种记数法中，"4"表示 4 个 10， "1"表示 1 个 100，100 本身又是 10 个 10。罗马人用"CXLⅢ"表示这个数，这种记数法比我们的十进制记数法要复杂得多。符号是数学中非常重要的部分。

6. 孩子的抽象思维是如何发展的？

一个婴儿看、摸、探索具体的物体，例如他的玩具，用不了多久，他就知道用相应的词语来表达它们（口语就是来自现实世界的一种抽象），之后他会认识这些物体的图画（另一种抽象），再过一段时间，他就会把书面符号和这些物体联系起来。他在数学上也像他在其他方面的体验一样，必须经历这样的抽象化过程才能取得进步。我们把这个过程分成以下步骤：

体验 —— 对具体物体的体验。
语言 —— 描述这种体验的口头语言。
图画 —— 表达这一体验的图画。
符号 —— 概括这种体验的书面符号。

让我们来探究一下某孩子学习"球"这个概念的过程：

体验——他看到、摸到、尝到、握住、滚动、投掷这个球，他感到有趣，一边玩一边知道了球的许多属性。

语言——他把这个玩具和"球"的发音联系起来。这非常有用，当他说出这个词时，可能就有人给他球玩。他很快就会把"球"这个词和其他同样能滚动的物体联系起来。

图画——他认出了球的图画。图画和球本身很不一样，它不能滚动，摸起来也不像球，但是孩子能发现图画和他手中的球有足够多的共同属性，可以称之为"球"。

符号——很久以后，他学会用符号（文字）来表示"球"这个发音，这是一个复杂的过程。这个符号（文字）和真实的球没有一点共同属性，仅仅是被人为地和我们说出来的"球"联系起来。

当分析孩子们达到数学上的理解和计算能力所需要经历的各个阶段时，我们经常会提到这四个抽象化的步骤，即"体验—语言—图画—符号"。一本儿童数学用书，无论多么精心编写，也只能涉及后面两个步骤：图画和符号。没有哪一本书可以从孩子们需要的地方开始，即体验和口头语言。

第二章 | **概念的形成**

4 岁的孩子都能明白！叫人去找一个 4 岁的孩子过来。

——格劳乔·马克斯《鸭羹》[1]

他们是一样的，但又各不相同。

——小学生们[2]

就像我们在第一章里看到的那样，数学是对现实的抽象，我们把这个抽象化的过程总结为"体验—语言—图画—符号"这四个步骤。在这一章里，我们只讲前两个步骤："体验"和"语言"（描述这种体验的口头语言）。

在第一章里（见第3页）我们讲到，只有见过许多成双成对的事物，并从中总结出共同属性，你才能理解"2"的含义。在学习语言的过程中，孩子们通过模仿他们所听到的字音来说出词语（例如"绿色"），然后逐渐把这些词语和概念联系到一起（例如什么是"绿色"）。一些重要的、初步的数学概念包括："许多""少数""和……一样多""比……多""比……少""长的""短的""一样长""比……长""比……短""圆的""平的""直的""弯的"。那么孩子们是如何形成这些概念的呢？我们如何弄清楚他们对这些术语的理解和我们是一样的呢？要回答这些问题，我们必须先讲一讲四项基础活动：求同、分类、配对和排列。

---

[1] 《鸭羹》是由格劳乔·马克斯、哈勃·马克斯等主演的音乐喜剧片，于1933 年在美国上映。这句话是格劳乔·马克斯在剧中的台词。
[2] 这句话应为作者对小学生的评语。

第 一 节　求　同

海伦在 16 个月大的时候学会了"洗澡盆"这个词语，她知道这指的是她坐在里面玩水的东西。有一段时间，她把所有装水的容器都称为"洗澡盆"，这说明她已经觉察到了这些物体的共同属性，只是她对于"洗澡盆"的理解不符合常规。后来，她学会了其他一些词语（如水槽、碗），它们都和装水的容器有关，她逐渐修正了"洗澡盆"这个概念，使之符合常规理解。马丁 2 岁半的时候，把冬青树的红色果子称为"豌豆"，表明他已经觉察到了冬青树果子和豌豆之间的某种共同属性，但他是否有"绿色"这个概念呢？他没有说这个词，但他确实有"绿色"的概念，只不过他的绿色概念永远不符合常规，因为他是红绿色盲，无法区分"红色"和"绿色"这两个概念。

孩子们在他们的体验范围内，发现并选择一些共同属性，自发地形成概念。通常我们把这种选择共同属性的活动称为"求同"。如果你的裙子和套头衫有同样的颜色，你会说它们颜色相同。当你说"我能有那样的表现"，你的意思是你拥有同样的能力。求同是孩子们学习如何正确使用语言的方式，尤其是数学语言。在任何求同的过程中，你都在选择那些具有你所寻求的属性的体验，以及排除那些不具有这些属性的体验。如果要有"绿色"这个概念，你必须同时知道什么是绿色以及什么不是绿色。一条鱼可能永远都不会有"水"的概念，因为它可能永远都不知道没有水是什么情况。

· · ·　让孩子们做的求同活动　· · ·

要让孩子们形成概念，我们必须向他们提供一些合适的体验活动，以促使他们产生"求同"的兴趣。我们还要教他们用恰当的语言来描述他们发现的共同属性。在学校里，刚开始我们要鼓励孩子们做那些与他们已经具有的，或者很快就会形成的概念有关的求同活动。例如，我们可以让他们从一个装有七叶树果、贝壳和冷杉球果的盒子里，把所有的七叶树果挑出来放到一起，或者我们可以让他们从各种各样的餐具中把勺子挑出来。这些活动的目的是让孩子们意识到做求同活动是在寻找事物的共同属性。在做完一项求同活动之后，我们要讨论一下这个共同属性。

对于一些孩子来说，颜色的求同就是一种适合做的活动。小班的孩子通常对颜色都有比较清楚的概念，但是不一定能用恰当的语言来描述这些颜色。做颜色的求同活动能够帮助他们巩固对颜色概念的理解，并学会使用恰当的词语（红色、黄色、蓝色、绿色、粉色等）来表达这些概念。我们无法告诉孩子们蓝色是什么，只能让他们做求同活动，这样他们自己就能理解。我们可以组织一些求同活动来向孩子们介绍数学概念。我们要重点介绍与长度有关的概念，如"长""短""和……一样长""比……长"，以及与形状有关的概念，如"圆的""平的""全等"[①]。

"长"和"短" "长"这个词并不准确，这会让人想到我们需要一个长度的标准，比这个标准长才能称之为"长"。然而，孩子们在掌握"比……长"这个更准确的术语之前，就已经掌握了"长"这个词。他们使用"长""短"这样的词，说明他们已经把两个长度做了视觉上的对比。我们可以让他们把积木摆成两排，一排长的，一排短的，或者把珠子串成长长的一串，或者从一盒丝带中找出短的一条。对那些在活动中能够理解"长""短"的比较意义的孩子，

---

① 这里的"全等"指的是图形的形状、大小相同，而不是中学阶段所讲的"全等"概念。下同。

我们就可以让他们继续做下面的求同活动，向他们介绍"和……一样长"的概念。

"和……一样长" 我们把一些预先截成不同长度的小棒放到一起，挑出一根长的，对孩子们说："这里有一根长长的小棒，我要找一根和它一样长的。"接着挑出一根短一些的和它比，"不是，这根小棒和我这根不一样长。"再挑出一根长的，说："对了，这根小棒和我这根一样长。约翰，你能不能挑出一根和我这根一样长的小棒？"

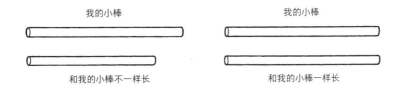

约翰像我们一样，找出一根小棒试了试，看看它和我们的那根是不是一样长。然后让孩子们一起来找出一组和原先那根一样长的小棒。在这项活动之后，每个孩子都能挑出一根小棒，然后找出一组和这根一样长的小棒。

"比……长" 在介绍"和……一样长"的概念的活动中，我们看到了一些长度不一样的小棒。现在我们就可以把注意力放到这些小棒上，把"比……长"的概念介绍给孩子们。我们可以说："这根小棒比我这根长，你们再找一些比我这根长的小棒。"

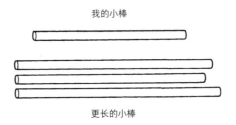

"圆的" 我们准备一些立体模型，例如盒子、罐头盒、球、圆锥体等，从中找出能滚动的物体。我们说："球能滚动，因为它是圆的。罐头盒能滚动，因为它有圆形的部分。"

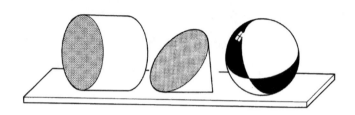

"平的" 从上面所说的同一堆立体模型中，找出可以稳稳地立在桌面上的、不会滚动的物体。我们说："罐头盒能立在桌面上不动，因为它有一面是平的。"同时向孩子们指出罐头盒和桌面接触的那个面。

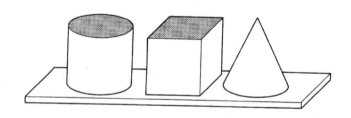

"圆的"和"平的"这两个概念，可以帮助孩子们以后形成"圆柱体"和"圆锥体"的概念。圆柱体的形状并不都一样，但是它们都有圆形的部分，且两面是平的；圆锥体则都有圆形的部分，且一面是平的。

"全等" 成人倾向于把"全等"这个术语和中学阶段的几何课程联系在一起，但是这个词的意思就是"大小、形状相同"，它所表达的概念很小的孩子也能懂。一个孩子从一堆硬币中把 1 便士①的都挑出来，堆叠起来，我们几乎就可以肯定他发现了这些硬币是全等的。

如何把二维的形状，如圆形、正方形、长方形等介绍给孩子们呢？我们周围的物体都不是二维的，而是三维的，你无法拿起一个圆形。但是，在介绍"平的"这个概念时，我们已经把孩子们的注意力引到立体模型的"面"上，它们是二维的。我们可以在这些活动之后提供一些颜料，让孩子们把一些立体模型的面拓印到纸上，这些纸上的印迹就和印出它们的面是全等的。

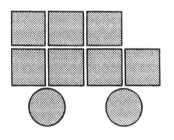

印迹组成的图画

我们在第六章里还会讲到全等。

开放性的求同活动　求同活动可以变成一种猜谜游戏。一个孩子把一辆蓝色卡车和一辆红色消防车放到了一起，可能是因为他注意到了两者在颜色之外的共同属性。可以让其他孩子来猜一猜这个共同属性是什么。

① 便士是英国货币辅币单位，类似于我国的"分"。

第二节　分　类

　　求同活动是挑出那些具有共同属性的事物，而分类活动则是把一组事物分成新的几组，每组分别具有共同属性。这会比求同活动复杂一点，但它也是从求同活动中延伸出来的。上一节所讲的所有求同活动，都可以扩展为分类活动：做过颜色求同活动的孩子可以接着做颜色分类活动，以巩固他们对"颜色"这个概念的理解；用小棒做过长度求同活动的孩子可以根据长度来给小棒分类，这是他们理解"长度"概念过程中的一步。

根据长度分类的小棒

　　分类活动和求同活动一样，常常在自由玩耍中以及玩耍后的整理活动中产生（洋娃娃的衣服放到那个盒子里，小汽车放到这个盒子里，等等）。这些活动也可以变成猜谜游戏。下图中的"对象"是根据某种标准分类的，猜猜那是什么标准？（如果你猜不出来，不要着急，等着看第五节提供的线索。）

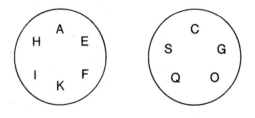

第三节 配 对

现在我们要讲的活动，对于向孩子们介绍数量的概念非常重要。和"长""短"一样，"多"和"少"也是不够明确的，这两个词暗示我们要比较数量。相对来说，更明确的表达是"和……一样多""比……多"和"比……少"。

当你来到一个坐了人的房间里环顾四周时，房间里是椅子多，还是人多呢？你不需要数数就能回答这个问题。你会在心里把每个人和他所坐的椅子"配对"，观察是椅子多出来还是人多出来。你试图在人和椅子之间建立一种数学上称之为"一一对应"的关系。这种活动基于数量的概念，但比"计数"要简单得多。"一一对应"这个词对孩子们来说有点太长了，我们可以用"配对"来描述这类活动。在配对活动中，例如人和椅子配对，谁坐哪一把椅子并不重要，我们不会说："帕姆配绿色的椅子。"（她可不想！）

让我们来看看怎么用配对活动来介绍"和……一样多""比……多"这两个概念。

"和……一样多" 我们把糖摆成一排给泰迪熊，不要数它们，但向孩子们说明这是泰迪熊的糖。然后我们提出玩具兵也想要一些糖。让一个孩子给玩具兵一排糖，引导他把糖摆成像下图这样的，这样就能让孩子们看到两排糖可以配对。我们说玩具兵想要和泰迪熊一样多的糖，孩子们将这些糖配对的时候，我们就可以说："现

泰迪熊的糖

玩具兵的糖

在玩具兵的糖和泰迪熊的一样多了。"

做配对活动的机会经常出现在游戏活动中（给每匹马配上一位骑手，在每个车库里放一辆汽车），讲故事中（给熊爸爸一把椅子，给熊妈妈一把椅子，再给熊宝宝一把椅子），以及日常活动中（给每个人一杯水，给每个小朋友一支铅笔）。无论什么时候完成配对活动，我们都要抓住机会说"汽车和车库一样多""铅笔和小朋友一样多"等诸如此类的话。

"比……多" 当空出了一些椅子没有人坐，人和椅子无法配对的时候，我们说椅子比人多。"无法配对"引出了"比……多"的概念。那些体现"和……一样多"的概念的活动，也可以很容易地体现"比……多"的概念。在游戏和日常活动中，也会经常出现"无法配对"的情况。

"比……少" 相对于"比……多"，孩子们通常较少自发地产生"比……少"的概念。①

---

① 在英语中，可以用 "more" 这一个词来形容较多的数或数量，如 "more eggs, more milk（较多的鸡蛋，较多的牛奶）"，却要用 "fewer" 和 "less" 这两个词来形容较少的数或数量，如 "fewer eggs, less milk（较少的鸡蛋，较少的牛奶）"。鉴于这种复杂情况，作者没有介绍关于"比……少"的配对活动。但在中文中没有这种区分，所以还是可以参照上文，向孩子们介绍"比……少"的配对活动。

第四节　排　列

把一组物体不按照特定规则来排列，就涉及"首先""下一个""最后""中间"这样的概念。可以让孩子们模仿老师或其他孩子把玩具摆成一排，或串起一串珠子，活动本身会让他们把注意力集中到"首先""下一个"上。活动之后，孩子们可以讨论一下他们是怎么做的。（"汽车的下一个是洋娃娃""洋娃娃在汽车和球的中间"，等等。）

可以教孩子们按照一定的规律做排列活动，这样在思考"下一个是什么"的时候，就不需要参照已经摆好的一组物体的样子，而是按照规律本身来判定。我们可以按一定规律串好珠子，让孩子们接着串，或者按一定规律用铅笔画一组记号，让孩子们继续画（这些记号要有利于孩子们以后学习字母和数字）。

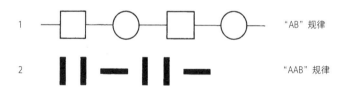

编排规律时，按形状（如上图1）、方向（如上图2）、大小或颜色都可以。

那些包含"比较"的概念，如"比……大""比……长""比……宽"等，都可以通过排列活动让孩子们加深理解。如下一页图片所示，把 A、B、C、D 四根小棒按照长度来排列是一个复杂的过程，孩子们如果一开始把 A 放在 C 旁边，就会面临 B 怎么放的问题。

他们必须明白 B 比 C 长，但比 A 短，才能把 B 放在 A 和 C 的中间。
把一组物体按照"比……长"来排列，就会引出一个相当复杂的概念，
叫作"传递性推理"。在这个例子中，引出的推理是：因为 A 比 B 长，
B 比 C 长，所以 A 一定比 C 长。（那些排列好小棒还能说出 A 比
C 长的孩子不一定做过这样的推理，因为他们只凭视觉就可以得出
这个结论。我们只能问他们哪一根更长，A 还是 C，来引导他们做
出推理。）把一组物体按照"比……长"来排列，还能让我们把"最
长"和"最短"这两个概念教给孩子们。

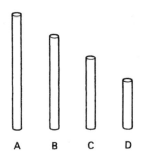

A　　B　　C　　D

　　和求同、分类、配对一样，排列也会经常出现在游戏活动中（大
泰迪熊先去睡觉，接着是小的），讲故事中（第一只小猪用稻草盖
房子，第二只小猪用砖块盖房子……），以及日常生活中（把一堆
书摆好再拿走）。按照大小来排列，可以加深孩子们对"比……大"
和"比……小"这两个概念的理解，还引出了"最大"和"最小"
这两个概念。

第五节 "噪声"

我们认为，老师如果设计出合适的求同、分类、配对和排列活动，就可以帮助孩子们形成一些数学上的基本概念。通过这些活动，老师还可以把那些表达这些概念的恰当的语言教给孩子们。在设计活动的时候，要注意会不会误导孩子们选择其他的共同属性，而未能发现真正体现概念的属性。例如，本章第一节里（见第 9 页）介绍"和……一样长"这个概念所讲的求同活动中，假设和老师挑的那根一样长的小棒正好都是红色的，那么很可能有孩子完成了任务，却以为"和……一样长"的概念和"红色"有关。颜色在这项活动中是无关属性，这就是心理学中被称为"噪声"的一个例子。如果你觉得第12页的题很难做出来，那可能就是因为存在"噪声"的干扰。那个分类标准和字母的意义无关，而仅仅和它们的形状有关。

如果要避免孩子们被"噪声"误导，在教任何一个概念的时候，我们都要使用多种器材，设计出多样化的活动。数学教学成功的关键在于重复，在确保概念中那些基本要素都能被学习到的同时，要尽可能让活动更加多样化。这样的重复就能防止"噪声"产生干扰，有助于记忆，并引导孩子们在不熟悉的场景中去应用新学的概念，扩大他们的视野。如果一个孩子从来没有用甘草做过排列活动，就能正确说出"我的甘草比你的长"，说明他已经理解了"比……长"这个概念。

初步做求同、分类、配对和排列活动所需要的器材

· 常见物品，如：七叶树果、冷杉球果、贝壳、树叶、鹅卵石、花、纽扣、瓶盖、棉线卷、软木塞、火柴盒、废旧钥匙。

· 一组至少有四种长度的小棒。

· 立体模型，如：盒子、罐头盒、糖果盒、球、圆锥形的酒杯，以及商店里出售的球体、圆柱体、长方体、棱锥和正方体。

· 捆扎带或塑料橡皮筋。

· 做分类活动时用来装物品的盒子和罐头盒。

· 较大的有孔珠子和塑料线。

· 洋娃娃、动物模型、小汽车、卡车和船等玩具。

· 洋娃娃的衣服、家具、陶器和餐具。

· 建筑积木。

· 简单的拼图。

· 一组从大到小、可以互相套进去的盒子和一组俄罗斯套娃。

· 茶杯、马克杯、茶缸、罐子、碗、勺子、桶、漏斗等用来玩沙、玩水的容器（一些容器应该形状、大小一致，也就是全等）。

给读者的建议

1. 求同　把自己换位到正在学习新概念的孩子的角度，和一个朋友玩"概念游戏"。你心里想一个概念，要适用于下一页图片中 2 个以上的物体（例如，你可以想"生物"或"木头做的"）。给符合这个概念的物体取一个名字，例如"斯普劳格"，并选择其中一个告诉你的朋友："这是一个斯普劳格。"你的朋友就要猜猜看"斯普劳格"到底是什么。下面我们举个例子来说明怎么做这个游戏。

你说："这是一个斯普劳格。"（指着鸟）

你的朋友想，斯普劳格可能是有翅膀的东西，他问："这是一个斯普劳格吧？"（指着飞机）

你说："不是。"

你的朋友想，斯普劳格可能是生物，他问："这是斯普劳格吗？"（指着树）

你说："不是。"

他想，斯普劳格肯定是动物，他猜对了。

2. **分类** 你是否还答不出本章第二节（见第 12 页）的那道题？如果是，想一想"直的"和"弯的"这两个标准。

3. **分类** 摘几朵毛茛、雏菊、峨参和蒲公英的花，把它们分成白色和黄色两种。你觉得困难吧？[①] 你会把雏菊分到哪一类里面呢？问题在于雏菊可以属于这两类。（年幼的孩子不应该面对这样的问题！）

4. **配对** 测试几个 5 岁的孩子，看看他们是否有"和……一样多""比……多"和"比……少"的概念。如果他们觉得困难，是因为"噪声"、语言，还是因为概念本身呢？

5. **排列** 测试几个 5 岁孩子的排列能力，看看他们能不能把铅笔、玩具汽车、棒棒糖按照长度排列起来。他们理解"比……长""最长""下一个""中间"这些词吗？

---

① 毛茛和蒲公英的花是黄色的；峨参的花是白色的；而雏菊的花中间是黄色的，周围是白色的。

第三章 ｜　　　　　　　　　计　数

> 莫里亚蒂：你数学怎么样？
> 哈里·塞科姆：我能像本地人一样说它。
>
> ——斯派克·米利甘《傻瓜秀》[1]

　　分析孩子们学习数学的过程，我们会发现在很多方面，初期的学习要比后期的困难许多。例如学习计数，看起来很简单，实际上是一个非常复杂的过程。我们将一步步来分析这个过程，它涉及第二章所讲的所有的基础活动。为了有助于分析，你最好能够亲自完成下面这个过程。你得想象有一大袋水果硬糖（如果真的有就最好了），数出里面红色的糖的数量。

　　1. 你是否知道要数的是什么糖？你通过颜色的求同认识了红色，就会在心里把红色的糖找出来。

　　2. 你会把糖分成两组：一组是红色的，另一组不是红色的。

　　3. 你会研究这些红色的糖，看看它们是不是摆放得便于计数。

---

① 《傻瓜秀》（1951—1960）是英国的一档广播喜剧节目。对话中，哈里·塞科姆的这句话其实源于他的一句名言："我能像个本地人一样说世界语。"

有些可能叠了起来，或者被挡住看不见，于是你会把它们排列成一行，这样就不会漏数或者重复数了。

4. 现在这些糖已经被排列成一行，数的时候，你会念："1、2、3……"你知道这些数的排列顺序，这一点很重要。（你听到过孩子们按"1、2、5、6"这样数吗？）你必须知道数词的顺序，才能数出这些糖。

5. 当你念这些数词的时候，你还会做什么呢？你会指着一颗糖念出一个数词，每颗糖你都会指到，并且只会指一次。你是在把数词和糖配对，有多少颗糖你就会念出多少个数词。（一些孩子数一组物体的时候并没有把数词和物体配对，他们指物体的速度比念数词的速度快，所以当他们指向第5个物体的时候，可能才念到"4"。）

6. 当你指向最后一颗糖念出最后一个数词时，假设是"12"，你会说这里一共有 12 颗糖。你会把最后一个念出来的数词和整堆糖联系到一起。"12"，本来是用来"标示"最后一颗你指向的糖，现在已经改变其"角色"，用来表示所有红色的糖，这是多么奇怪！

你在计数的过程中，用了两种方式使用"12"这个数词。在配对活动中，你使用的是它"序数"的意义，用来"标示"你数的第 12 颗糖；但是当你说这里一共有 12 颗糖的时候，使用的是"12"的另一种意义，即"基数"的意义。

你刚才经历的是一个多么复杂的过程！你在心里或者实际经历了六个过程以完成数糖这个任务。这六个过程是：

（1）通过求同活动，找出一组物体的某种共同属性。

（2）把这些物体进行分类，分成有这种属性的和没有这种属性的。

（3）把需要计数的物体按某种方式排列起来。

（4）回忆数词的正确顺序。

（5）把这些排列好的物体和数词按顺序配对。

（6）使用最后一个数词的基数意义来表示你数的物体的总数。

你会发现，第二章所讲到的求同、分类、排列和配对活动，都作为重要步骤——出现在计数的过程中。现在你会明白这些活动在数学上的确是基础，具有重大意义。而且，孩子们在能够计数之前，一定要先知道数词的顺序，但是他们不一定能理解这些数词的意义。最后，他们还必须学会把最后一个数词和他们数过的整堆物体联系起来。我们要通过一些活动来帮助他们完成这两个过程。

第一节　学习按顺序念数词

孩子们学习计数之前，并不需要知道所有的数词，但是必须知道一部分数词。孩子们喜欢"1、2、3、4……"这样去唱数，要鼓励他们多唱数，只要他们喜欢，愿意唱多少遍都可以。有一些儿歌可以加强这样的学习，例如："一二三四五，上山打老虎""一二三，爬上山，四五六，翻筋斗"[①]……

没有理由在任何特定的点上中止这样的唱数，让孩子们能唱多少就唱多少。尽管"29"这样的数词对他们来说没有什么用处，但知道它在"28"的后面，对于他们以后的学习是有好处的。

[①] 原文中的儿歌译成中文后就不押韵了，故这里用我国孩子熟悉的儿歌来代替。

第二节　把序数和基数联系起来

前面说过，当把数词和物体配对的时候，我们使用的是这些数词的序数意义，用来暂时"标示"所数的物体。下图这组物体中，"汽车"和"3"没有任何共同属性，它只是这一排玩具中的第 3 个。

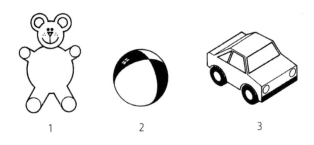

但是当我们说"这里有 3 个玩具"的时候，我们在心里就已经把"3"这个标签从"汽车"上取下来，把它和整组玩具重新联系了起来，这时使用的是"3"的基数意义。

我让 3 岁的马丁数这些玩具，他把"1、2、3"和玩具正确地做了配对，但是让他给我 3 个玩具的时候，他只把汽车递给了我。他还没有理解基数意义上的"3"。孩子们要理解"3"的基数意义，就要变换次序地数这 3 个玩具，还要在不同的场景中观察一些 3 个一组的事物，例如 3 盏交通灯、三轮车的 3 个轮子、3 只熊。孩子们理解了"3"的基数意义后，再学习"4"和"5"的基数意义时，还要重复做相同的活动。

"钱盒子"游戏很适合用来帮助孩子们把序数和基数联系起来。孩子们把硬币投入盒子中，每次投 1 枚硬币，同时计数："1、2、3、4。"然后问他们盒子里一共有多少枚硬币。已经建立了序数和基数联系的孩子，会直接回答"4"，而那些还没有建立联系的孩子则会打开盒子再数一遍硬币。那些回答 4 的时候很自信的孩子，遇到投入 5 枚或 6 枚硬币的时候，可能也需要打开盒子重新数一遍硬币。

第三节 一眼看出数量

一个 5 岁的孩子，对于 3~4 个一组的物体，不用计数，只是看一眼就知道数量，这是很常见的事。也许你也想试试自己一眼看出一组物体数量的能力。你可以把几颗纽扣或巧克力豆随意丢在桌面上，试着不去计数（也别相加），快速估算它们的数量。你会发现自己可以一眼看出的数量多达 7 颗。

孩子们如果能一眼看出一组物体有 4 个，说明他们理解"4"的基数意义，但是并不一定理解序数和基数之间的联系。有一个叫"猜猜有多少"的游戏能鼓励孩子们一眼看出物体的数量，同时把序数和基数联系起来。做这个游戏，我们需要准备 8 颗纽扣。一个孩子拿着全部纽扣，然后放一些在他的手掌中展示给大家看，剩下的纽扣藏在另一只手里，不让大家看见。其他孩子就要猜一猜他手掌中展示出来的纽扣有多少颗，接着一起数一数这些纽扣，看看谁猜对了。游戏中，同样数量（例如 5 颗）的纽扣会以不同的摆放形式展示出来，这样孩子们就获得视觉感知上的体验。

还有掷骰子游戏①，就用上面有点的普通骰子来玩。孩子们需要一眼看出（或数出）6 以内的点数，然后移动棋子往前走相应的步数。我们要准备一条简单的路线，由 24 个格子组成，在路线末端贴一张表示"奖品"的图片。第一个到达（或越过）奖品处的孩子获胜。

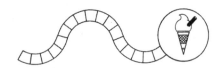

①这个游戏的玩法是：孩子们轮流掷骰子，掷出几点，棋子就往前走几步。

第四节 "再多1个"

另一个关于基数的重要概念是两个连续基数之间的关系。对于孩子们来说，不仅要明白"4"就是4个，还要明白4个物体比3个物体多1个，这一点非常重要。可以用讲故事或者像下面这样念儿歌的方法，把这种关系教给孩子们。在讲故事或者念儿歌之前，可以让他们先看一些相关的物体或图片。

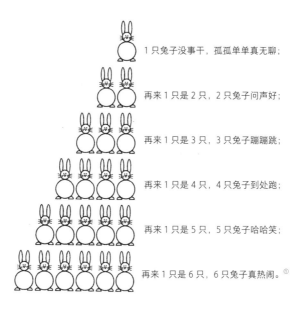

1只兔子没事干，孤孤单单真无聊；

再来1只是2只，2只兔子问声好；

再来1只是3只，3只兔子蹦蹦跳；

再来1只是4只，4只兔子到处跑；

再来1只是5只，5只兔子哈哈笑；

再来1只是6只，6只兔子真热闹。[1]

孩子们可以扮成兔子，把这首儿歌演出来；也可以用他们的玩具摆出逐只增加的兔子队伍。

---

[1] 原文中的儿歌译成中文后就不押韵了，故略做修改，使之符合我国儿歌的韵律。

第五节　用图表来表示分类

假设有 8 个孩子围坐在桌子旁，分别是 5 个男孩和 3 个女孩，可以让孩子们用简单的图表来记录这样的分类。给每个孩子一个火柴盒（或者一个小方块），让每个男孩把自己的火柴盒依次叠成一堆，每个女孩也把自己的火柴盒依次叠高在旁边。如果他们的名字都写在了火柴盒上，他们也都认识自己的名字，那么孩子们和火柴盒之间的配对就很明显了。同时，火柴盒叠起来的样子就形成一个图表，代表了这群孩子。他们可以数出男孩和男孩的火柴盒的数量，再数出女孩和女孩的火柴盒的数量，以及数出所有孩子和所有火柴盒的数量。任何像这样的分类活动，孩子们计数都非常接近于做加法。从图表中很容易看出，男孩比女孩多，以及更重要的是，"5"比"3"多。

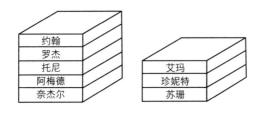

孩子们还可以用这些火柴盒制作其他关于他们自己的分类图表。例如，在学校吃午餐的孩子和回家吃午餐的孩子，或者家里有宠物的孩子和家里没有宠物的孩子。每一种分类图表所涉及的孩子数都不要太多，这样孩子们就能在自己可以胜任的范围内进行计数。

老师们可能还会讲到很多关于"5"比"3"多的例子，拓宽孩子们对这个概念的理解。例如在一场足球赛中，我们队得了 5 分，另一队得了 3 分，谁赢了？或者简 5 岁了，她的妹妹 3 岁，谁大？（尽管年幼的孩子并不真正理解"我 5 岁，她 3 岁"和"我比她大"的意思，但这两句话他们都会说。）

第六节　数量守恒

假设罗杰数一排果子是 7 个，并且能说出："这里有 7 个果子。"
不知怎么的，这排果子被弄乱了。"哦，宝贝，"我们问他，"现在
这里有几个果子呢？"如果罗杰又去数果子，说明他还没有"数量守
恒"的概念。如果一个孩子掌握了这个概念，他就会不假思索地说：
"当然是 7 个啦。"因为他看到 7 个果子虽然被弄乱了，但是它们的
数量并没有发生变化。孩子们理解数量守恒的概念后，才真正掌握了
计数的意义。了解孩子们对于数量守恒理解到何种程度，是非常重要的。
下面介绍三种简单的测试方法，这些方法适用于单个孩子，做起来很快，
记录结果也很容易。这三种方法分别用来测试孩子们是否掌握了配对
的意义、是否掌握了基数的意义，以及是否掌握了把配对和基数联系
起来的意义。在每项测试中，假设孩子 A 是具有这种概念的，孩子 B
还不具有，孩子 B 就需要多做一些本章所讲的这类活动。同时，老师
还要就活动内容和孩子们进行大量交流。

1. 配对　把杯子摆成一排，让孩子在每个杯子里放一把勺子，问
他："杯子和勺子是一样多吗？"他应该回答："是一样多。"

把勺子都取出来，在旁边放成一堆，再问他："现在杯子和勺子
是一样多吗？"

孩子 A 回答："是一样多。"（因为和原来还是一样多）

孩子 B 回答："不一样多。"（因为勺子占的地方小了）

2. **基数（以 5 为例）** 把 5 支铅笔摆在桌上，让孩子计数。他会说："这里有 5 支铅笔。"

把铅笔放到一个空盒子里，再问他："现在盒子里有几支铅笔？"

孩子 A 看也不看就回答："当然是 5 支！"

孩子 B 看着盒子，开始计数："1、2、3、4、5。"

3. **配对和基数（以 5 为例）的联系** 摆出 5 个杯子，让孩子计数。他会说："这里有 5 个杯子。"再让他在每个杯子里都放一把勺子，然后问他："用了几把勺子？"

孩子 A 回答："当然是 5 把！"

孩子 B 数勺子："1、2、3、4、5。"

一个表现出理解基数"5"，也理解配对和基数"5"的联系的孩子，对于涉及基数"6"的这类测试，可能并不能表现出同样的理解。因此建议用不同的基数来重复进行后两种测试，然后才能确定这个孩子是否有了数量守恒的概念。

做本章活动所需要的器材

· 第二章末列出的所有器材（见第 18 页）。

· 骰子和路线。

· 火柴盒。

· 装钱的盒子和硬币（真假硬币都可以）。

给读者的建议

1. **计数**　很多 5 岁的孩子能够把 6 颗糖数清楚，但是很少有孩子能够数清楚一个立方体的 6 个面。试试看吧！如果有孩子感到困难，你觉得这和什么有关呢？求同？分类？排列？按顺序念数词？还是把"6"作为基数来使用呢？

2. **数词**　假如数词是"a、b、c……"，用这样的数词来数一数你有几根手指，再给自己提几个问题，例如："f 比 c 多几？"（记得不要把这些字母"翻译"成你熟悉的数词。）为什么你会感觉很困难呢？

3. 虽然有"第一、第二、第三"等序数词，但我们依然习惯于用"1、2、3"等来表示序数。

想一想：下面这些句子中所用到的数表达的是基数意义还是序数意义呢？

（1）你刚读到第 3 章。

（2）这一章一共有 16 页。

（3）今天我 21 岁了。

（4）华尔兹舞是 3/4 拍。

（答案见第 45 页）

4. **"比……多"**　向一些 5 岁的孩子按顺序提出下面的问题：

（1）如果你有 6 颗糖，我有 4 颗糖，谁的糖多？

（2）给你 6 颗糖，给我 4 颗糖（数出两堆糖，但不要排列成两行），谁的糖多？

你会发现有些孩子能正确回答两个问题，但有些孩子只能回答第二个问题，为什么没有只能回答第一个问题而不能回答第二个问题的孩子呢？

5. 和几个 5 岁的孩子玩"钱盒子"游戏，注意观察他们的反应。测试一下他们有没有数量守恒的概念。

第四章 | 　　数　字

　　读数法就是用数字来表示数。我们通过 10 个数字来读数：1、2、3、4、5、6、7、8、9、0。第一个数字"1"，它不仅仅是一个数，还是数的起源。

——《特雷维索算术》（西方最早印刷的数学书籍），1478 年

　　现在我们准备把"体验—语言—图画—符号"这四个步骤中的后两个引入孩子们的数学学习中。尽管在第二、三章里也有一些图画，但它们只是用来描述那些在孩子们形成概念和学习使用恰当的语言来表达概念时所做的活动是什么样的。当孩子们开始熟悉数学概念，就可以让他们（或者老师）用图画来记录所做的活动。当活动的器材被收起来后，图画还能提醒孩子们刚才做了什么，而且图画本身就可以作为讨论之前所做活动的基础，让孩子们回忆起在活动中学习到的数学语言。之前我们介绍过的所有活动都可以用图画的形式记录下来。例如第三章第五节里（见第 28 页）用火柴盒做成的分类图表，如果画成如下一页图片所示的样子，也同样很容易理解。让孩子们采取这两种形式来记录都是很有益处的。

　　我们把用来表示数词的符号称为"数字"。孩子们经常在周围的事物上看到数字，如房门上、公交车上、车牌上、钟表上。但是，

数字其实比数量更为抽象。当我们使用数字的时候，意味着我们在
"抽象"地运用数量。6只小猫能被看见，也能被数出来，但是"6"
是一个数字，从它本身既看不到6只小猫，也看不到任何别的6个
东西。年幼的孩了的思维方式是"6只小猫"这样具体的概念，而
不是"6"这样抽象的数量概念。

第一节　读数字

我们肯定可以教会孩子们认识数字，知道这些数字对应的数词。可以在墙上贴一张大大的数字纸条，起初只需要展示数字 1 到 5 就可以了，之后逐步增加到 10。孩子们可以从左到右按顺序读出数字，读的时候要用手指向对应的数字。这是一种读数字的练习方法，需要加以巩固。为此，我们给出以下建议：

1. 在室外用颜料或粉笔画一张大大的"数字纸条"。孩子们可以沿着这些数字走或跳，也可以自己发明一些可以在上面玩的游戏。让他们自己玩吧！

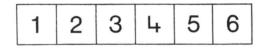

2. 准备一些供孩子们个人使用的数字纸条和几套写着数字 1 到 5 的卡片。每张卡片都要和纸条上的格子一样大。让孩子们把每张卡片都和对应的格子匹配上。

可以给孩子们介绍一个配对游戏，由两个孩子用两张数字纸条和两套卡片来玩。卡片要打乱顺序，背面朝上地放在桌面上。一个孩子先翻开一张卡片，如果卡片上的数字正好和他的数字纸条上还没有被卡片盖住的某个数字吻合，那么他就要大声说出相应的数词，并把卡片盖到纸条上对应的数字上。接着轮到另一个孩子玩。如果某个孩子翻开卡片后，发现他的纸条上对应的数字已经被盖住了，就要把卡片再扣回桌面，他这一轮就结束了。谁先把自己的纸条上的数字全部盖住，谁就赢了。

3. 复印一些可以按数字顺序"连点成画"的图画。图画要简单，点的数量不要超过 10 个。

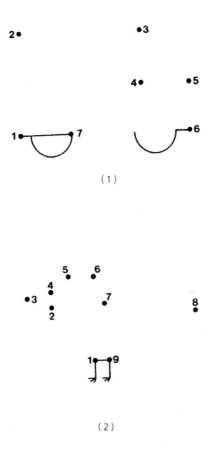

第二节　把数字和计数联系起来

一些教孩子们读数字的方法被吐槽为只是"对着印刷品喊叫"。第一节里提到的活动可能也会被批评，除非在做活动时还能让孩子们把读数字和计数体验联系起来。如上文中所讲的数字卡片，可以用来标记一些孩子们已经数过的物体（如 3 根小棒、3 个茶杯）。

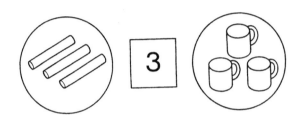

此外，还建议让孩子们做下面这些活动：

1. 教孩子们玩掷骰子游戏，骰子上可以不画"点"，而是写上数字（可以自己用正方体木块来制作）。

2. 制作一些"数字托盘"，让孩子们根据标记的数字把相应数量的物体放入其中（可以用鞋盒盖或其他尺寸合适的盒盖来做）。

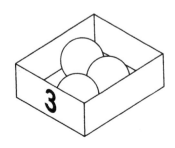

3.开一家"商店"。孩子们可以用橡皮泥做成"水果"和"食物"，放在糖果袋或杂物盒里。这些"商品"被标上价格，从1便士到10便士（不用和现实对应）。让几个孩子去"商店"购物，每个孩子手里都有10枚1便士的"硬币"（也可以是真的硬币）用来"消费"。其中一个孩子当售货员，他必须看清楚顾客们购买"商品"时是否付对了"硬币"数。这项活动涉及把"商品"上的标价和所付的"硬币"数进行核对（把数字和计数联系起来了）。

4.用数字纸条来辅助计数。这项活动能把数字和序数、基数都联系起来。孩子们要把物体和纸条上的数字配对，并进行两次计数：第一次用手指着物体一一进行计数，第二次用手指着数字一一进行计数。

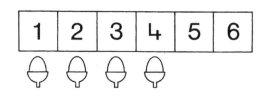

第三节　写数字

正确地书写数字需要很强的控制力和协调能力，在孩子们用铅笔书写"2"之前，可以让他们先用手指在空中写出"2"来。用手指来比画是一种很好的过渡。除了"1"以外，每个数字写起来都有其复杂性，孩子们需要学会从一个合适的点开始书写这些符号。早期形成的习惯会根深蒂固，现在我们教给孩子们的会影响他们一生。

教孩子们从每个数字的小点处开始写（如下图所示）。下面这些数字都是一笔写成的，中途铅笔不需要离开纸面。

1236789

而下面两个数字则需要用两笔才能写完。

4　5

可以让孩子们写一排"2"，或是把许多个"2"和"3"按照某种规律排列起来（如 2323 或者 2233322333），或是把许多个"6"和"9"按照某种规律排列起来，等等。等他们学会正确书写一个数字，并能用这个数字来记录计数的结果之后，再接着教他们下一个。也可以让他们在数字纸条中填空，帮助他们回忆数字的顺序，例如：

| 1 | 2 | | 4 | 5 |

| 1 | | 3 | | 5 |

第四节 把数字和"比……多"联系起来

本章开头（见第 34 页）有一幅男孩和女孩的图，体现了两个重要的事实：（1）男孩比女孩多，即 5 个孩子比 3 个孩子多；（2）5 比 3 多。请注意，"5 个物体比 3 个物体多"表达的是"真实生活"，而"5 比 3 多"则是一种抽象的数学语言。等孩子们掌握了大量表达"真实生活"的语言，如"5 个孩子比 3 个孩子多""进 5 个球比进 3 个球多"，他们才能真正理解"5 比 3 多"的意义。

"比……多"是一个抽象的数学概念，可以用数学符号">"来表示。当孩子们做游戏遇到"无法配对"的情况时，就可以用"5 比 3 多"这样抽象的说法或者"5>3"这样的式子来记录。有的老师更愿意写下"比……多"这几个字，而不用">"这个符号。如果你决定教孩子们这个符号，可以说它像一只小鸟的嘴，朝着较大的数字张开。

下面是一份示范作业，老师可以让那些已经学过"比……多"

和 ">" 符号的孩子来做。孩子们的任务是在空格里填上合适的数字、符号以匹配图片，或根据描述来画图。老师可以少量填几个空来教孩子们怎样填写。

孩子们完成这份作业后，要向老师大声读出填好的句子或式子，并根据其中一个编一个故事（例如 "这里有 4 个娃娃和 2 块蛋糕，所以没有足够的蛋糕分给他们"）。然后老师在作业上打钩，并给予表扬。

编故事　年幼的孩子常常会感到编一个故事来表示这些式子很困难。一开始他们尝试编的故事，可能会接近自己之前做过的能引出这个式子的活动，或者老师举过的例子。当一个孩子能够编出更具有 "原创性" 的故事时，就说明他开始领悟到式子的普适性了。

第五节 把数字和"再多 1 个"联系起来

数和数字"天然"的顺序，在本质上是和"再多 1 个"的概念相关联的。数字 4 在 3 之后，是因为 4 的意思是"比 3 多 1"。第三章第四节的"兔子儿歌"（见第 27 页），就是把按顺序排列的数词和"再多 1 个"的概念联系起来了。可以让孩子们用玩具或积木搭建一个"阶梯"，在每一叠玩具或积木下标上数字，这样就突出了"再多 1 个"和按顺序排列的数字之间的联系。

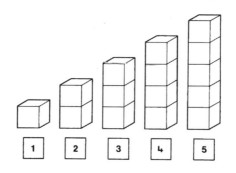

用"阶梯"的方式呈现，孩子们可以学会按顺序排列数字，如把"4、1、3"按顺序写成"1、3、4"，并大声读出来。他们也可以完成类似下面这种关于"再多 1 个"的作业。

再多 1 个
2 再多 1 是 3
1 再多 1 是 □
4 再多 1 是 □
3 再多 1 是 □

在完成这份作业后，孩子们要大声读出填好数字的句子，并根据其中一个编一个故事（例如"车库里有 3 辆汽车，又开来 1 辆，现在车库里有 4 辆汽车了"）。

第六节　掌握数量的能力

对于那些没有通过第三章第六节所讲的数量守恒测试（见第29~30页）的孩子，不必让他们避开本章所讲的活动。就算他们还不能完全理解诸如"6比4多"这句话的意义，但是学习在交谈中使用数字，或者念数字、写数字，对他们来说都是很有益的。不过必须在他们掌握了数量守恒概念，并且熟悉了10以内的数字之后，才能让他们进一步学习加减法。

初步做数字作业所需要的器材

· 第二、三章末所列的器材（见第 18 页和第 31 页）。

· 画有动物、汽车、孩子、几何图形等图案的不干胶。

· 贴在墙上的大型数字纸条。

· 复印的可以按数字顺序"连点成画"的图画。

· 写有数字的骰子。

· 钟面上标有阿拉伯数字的旧钟（不能走的钟也可以），供孩子
  们玩耍。

· 供孩子们个人使用的数字纸条。

· 尺寸和数字纸条匹配的数字卡片。

· 和数字卡片、数字纸条匹配的图画卡片。

· 开"商店"所需的"货物"。

· 能贴在"商品"上的写有"1 便士"到"10 便士"的大型粘贴
  式标签。

· 拨号盘上有数字的玩具电话，供孩子们玩耍。

· 做"数一数，比一比"和"再多 1 个"的作业纸。

请读者做的练习

1. 请判断：参与本章第一、二节所讲的各项活动的孩子，他
们使用数字时，是把它们作为序数还是基数？

2. "我的小棒比你的长"这句话可以换一种方式表达，如"你
的小棒比我的短"。把下面的句子和式子进行类似的变换：

（1）我的年龄比你的大。

（2）6 个苹果比 4 个苹果多。

（3）6 比 4 多。

（4）6>4。

第 31 页问题的答案

（1）序数；（2）基数；（3）序数；（4）基数。

第五章 |　　　　　走向加减法

在算术中没有一个过程是完全不包括数的增加或减少的。

——奥古斯都·德·摩根教授，1830 年

在第四章里（见第 40 页）我们指出，算式和表达"真实生活"的语言不同，但它们之间是有关联的。"这里有 3 只小黑猫和 2 只小花猫，所以这里一共有 5 只小猫。"这是表达"真实生活"的语言，相应的算式则是 3+2=5。4 岁的吉莉安清楚地知道"如果我有 3 颗糖，我又得到 2 颗糖，那我就有 5 颗糖"，但是她却算不出"3 加 2 是 5"。这句话对她来说毫无意义。5 岁的罗杰因为自己会"求和"而感到自豪，如果你问他："5 加 3 是几？"他会掰着手指数一数，然后得意地告诉你："是 8！"但是如果你问他"5 和 8 哪一个多"，他却回答不出来。他的加法概念并没有建立在"多"这样的基本概念上，他只是知道做加法的窍门而已。吉莉安正走在一条通往理解加法的正确道路上，而罗杰的窍门对于他理解加法并没有帮助。

孩子们如何理解算式是非常重要的。我们必须认真思考如何把"3+2=5"这样的算式教给他们。老师使用的语言会对孩子们产生深远的影响。

第一节　加　法

为了理解"3+2=5"这道算式，孩子们需要接触大量关于"3个物体和2个物体合起来是5个物体"的真实例子。就每个例子来说，重要的是孩子们不仅要用合适的语言来描述两组要被合起来的物体，还要恰当地描述合起来之后的这组物体。例如："把3辆红色小汽车和2辆蓝色小汽车放到一起，就是5辆小汽车。""我的口袋里有3颗糖，手里还有2颗糖，我一共有5颗糖。""3只小狗加上2只小猫，一共有5只小动物。"最后，我们会从这些例子中总结出它们的共同属性，并用"3+2=5"来表示。

怎样教孩子们读"3+2=5"这道算式呢？它包含两个新的符号："+"和"="。

符号"+"　成人把这个符号读作"加（plus）"。"plus"是一个拉丁文单词，意思是"多"。所以"3+2"的意思大致相当于"比3多2"。我们可以选择告诉孩子们"3+2"读作"3加2""3和2"或"比3多2"。孩子们最终都会学习并接受这些读法，但是一开始他们需要对新符号有一个唯一的认知和理解。在这一章里，我们选择"比3多2"这个读法。

符号"="　成人把这个符号读作"等于"或"和……相等"。这个符号是英国人罗伯特·雷考德在1557年为了摆脱总是写英文单词"equals（等于）"的单调乏味而发明的。雷考德说："我想不出有什么比两条并排放着、长度一样的直线更相等的东西了。"我们可以选择告诉孩子们这个符号读作"等于""和……相等""是""就是"或"和……一样多"。在这一章里，我们选择把"="读作"就是"。

现在我们已经按照"体验—语言—图画—符号"这四个步骤，把孩子们引导到会写、会念加法算式的阶段，下面我们来总结一下这个过程：

体验——把 3 辆红色小汽车和 2 辆蓝色小汽车放到一起；拿出 3 颗糖，再拿出 2 颗糖；用 3 块砖砌一座小塔，又放上 2 块砖；以及更多类似的体验。

语言——我们或者孩子们说："这里有 3 辆红色小汽车和 2 辆蓝色小汽车，一共有 5 辆小汽车。""这里有 3 颗糖，我再拿出 2 颗糖，一共有 5 颗糖。"诸如此类。

图画——我们通过画图来记录这些活动体验，例如：

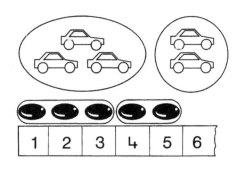

符号——我们用数字卡片和符号卡片来摆出一道算式，例如：

$$3 \quad + \quad 2 \quad = \quad 5$$

或者我们也可以写成：

$$3+2=5$$

再把摆（或写）出的算式读出来："比 3 多 2 就是 5。"

在写出"3+2=5"这样的算式后，可以让孩子们根据它编一个故事，让他们认识到这道算式不仅适用于刚刚做的活动，也适用于真实生活中的场景,例如:"3个小朋友正在玩耍,又来了2个小朋友,现在一共有5个小朋友。"

·· · 关于其他记法的说明 · ··

一些教科书建议刚开始教孩子们算式的时候,最好把"3+2=5"写成"(3,2) $\xrightarrow{\text{加}}$ 5"。但是这种记法并不好,因为这些复杂的符号与孩子们的体验和语言模式并没有关联。年幼的孩子无法理解这里的括号和逗号是什么意思,因为口头表达时也没有读出这些符号。老师们被告诫在孩子们的启蒙初期避免使用这些标点符号。年幼的孩子在模仿写下这些算式时,很容易忽略掉这些符号,例如逗号,他们可能会以为是纸上的污渍。我见过无数孩子把"(3,2) $\xrightarrow{\text{加}}$ 5"写成"32 $\xrightarrow{\text{加}}$ 5"。就算他们学会完整地照抄这些算式,也不知道这些逗号和括号的意义是什么。

第二节　拆　分

　　加法涉及的是把两组分离的（不相连的）物体合起来，形成新的一组。拆分则是把一组物体分割成分离的（不相连的）的几组，这就好像是把加法"撤回"一样。把 3 和 2 相加时，我们可以把 3 个的一组和 2 个的一组合到一起，形成 5 个的一组；在拆分 5 时，我们可以把 5 个的一组分成 3 个的一组和 2 个的一组。可以让孩子们做一些对他们很有益处的拆分活动，例如把 5 块蛋糕分成 2 组，分给 2 个洋娃娃，看看他们能想到几种分法。

　　孩子们应该怎么用符号来记录这样的活动呢？假设一开始我们是把 5 个一组的物体进行拆分，分成 3 个的一组和 2 个的一组，我们可以记录为"5=3+2"，读作"5 就是比 3 多 2"。"3+2=5"和"5=3+2"具有同样的意义。但是对于刚学习的孩子来说，这表示两种不同的情况："把 3 和 2 合成 5"和"把 5 拆分成 3 和2"。不同于加法，拆分是一种开放性的操作。通过拆分 5，孩子们会自己发现并记录一些算式，例如 5=3+2、5=4+1、5=1+4、5=2+1+1+1，等等。当他们记录下这些算式后，应当鼓励他们根据其中一道算式来编一个故事。这样可以让孩子们意识到，这道算式不仅适用于他们已经做过的活动，也同样适用于其他真实生活中的场景，例如："这里有 5 只小猫，3 只在睡觉，2 只在玩耍。"

孩子们对 5 的拆分有了完整且充分的体验后，一眼看出物体（5
个一组）数量的能力就会提高。当你随机扔出 5 颗纽扣时，它们很
可能会被分成 3 颗的一组和 2 颗的一组，或者 4 颗的一组和 1 颗的
一组。试试看吧！

我们要鼓励孩子们去发现加法和拆分之间的关联，可以把加法
称为"打包"，把拆分称为"拆开包裹"。

···· 加法交换律 ····

这些关于拆分的活动体验能引导孩子们开始理解加法交换律。
当你把 5 个的一组拆分成 4 个的一组和 1 个的一组，在写算式时，
把 4 个的一组或 1 个的一组写在前面，即写成 "5=4+1" 或 "5=1+4"
都行。大多数孩子都能自己观察到加法的这种有用性质，尤其是把
加法练习题排列成突出这种性质的形式时，例如下面这样的填空题：

$$3+2=\square \qquad 2+3=\square$$

$$2+4=\square \qquad 4+2=\square$$

第三节　比　较

在第四章第四节里，我们介绍了一份叫作"数一数，比一比"的示范作业，把数字和"比……多"联系了起来（见第40页）。如果孩子们能够理解"5比3多"的意义，也用语言表达和用式子记录过，那么他们就可以进一步去理解、表达和记录"5比3多几"。我们可以反复做"无法配对"的游戏，让孩子们把注意力集中到不能配对的事物上，并按照下面的形式，用图画和符号记录下来。

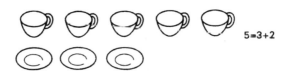

$$5 = 3 + 2$$

我们把上面这道算式读作"5就是比3多2"。

可以让孩子们完成下一页关于"比较"的作业，在空格里填入相应的数字或符号，或者根据算式来画图。老师可以先少量填几个空来教孩子们怎么填。孩子们完成填空后，可以让他们大声读出一道算式，并根据它编一个故事，例如："我看了5本书，约翰看了2本书，我比约翰多看了3本书。"

相差　一些教科书上不会说"5就是比3多2"，而是说"5和3相差2"，并用算式"5-3=2"来记录。这种教法有一定的风险，因为3和5也同样相差2，孩子们就可能会记成"3-5=2"。

数一数，比一比

○○○○○　　5 > 3

△△△　　　5 = 3 + 2

🥣🥣🥣　　□ > □

⬭⬭⬭⬭⬭⬭　□ = □ + □

△△△△△

😖😣　　□□□ □□□□□

6 > 4

6 = 4 + 2

第四节　减　法

"减"这个词的字面意思是"去掉"。成人把"5-3"读作"5减（minus）3"。"minus"是一个拉丁文单词，意思是"少"。所以"5-3"的意思大致相当于"5少3"或"3比5少……"。我们可以选择告诉孩子们"-"这个符号读作"减""去掉"或"少"。重要的是，要让孩子们把"+"和"多"联系到一起，把"-"和"少"联系到一起。在这一章里，我们把"-"这个符号读作"去掉"。

要让孩子们做大量"从5个物体中去掉3个，再数剩下的有几个"这类活动（"体验—语言"），来理解"5-3"这道式子。例如：摆出5把勺子，拿走3把，还剩下2把；给一个洋娃娃5颗糖，让它"吃"掉3颗，还剩下2颗；拿着5枚硬币去购物，花掉3枚，还剩下2枚。当我们用图画的形式记录这些活动时，要把已经被"去掉"的物体划掉（如下图所示）：

我们把上面的算式读作"5去掉3就是2"。有的老师会教孩子们读成"5去掉3余下2"，这样的表达也不错，但是"余下"这个词并不能解释"="这个符号。最终，孩子们会明白"5-3=2"和"2=5-3"是一样的意思，但是"5去掉3余下2"和"2余下5去掉3"就完全不同了。

就像上面讲的那样，孩子们经历了"体验—语言—图画—符号"这四个步骤之后，就可以进一步做类似下一页这样的作业：

去掉

	5 - 3 = 2
	5 - 2 = □
	4 - 2 = □
	5 - 4 = □
	□□□□

孩子们完成这份作业后，要大声读出其中一道算式，并根据它编一个故事。例如："树上有 5 个苹果，掉下来 3 个，还剩下 2 个。"我们要鼓励孩子们去发现减法和拆分之间的关联，从 5 个里面去掉 3 个与把 5 个分成 3 个的一组和剩下的一组，这两者之间只有细微的差别。

有的教科书对"5-3=2"做出了两种解释：第一种，"5 去掉 3 就是 2"；第二种，"5 和 3 相差 2"（意思是"5 就是比 3 多 2"）。不过，年幼的孩子未必能明白，为什么会用一道算式来解释"减法"和"比较"这两种不同的情形。在孩子们真正理解减法和比较之间的关联之前，这样解释看起来是不够明智的。

当孩子们还处在启蒙的初期阶段，我们要重点帮助他们理解拆分和加法、比较、减法这几种活动之间的联系。发现拆分和它们之间的共通之处，有利于孩子们逐步理解下面这些算式只是针对同一种数学关系的不同表达方式而已。

$$3+2=5 \qquad 5=3+2 \qquad 5-3=2$$
$$2+3=5 \qquad 5=2+3 \qquad 5-2=3$$

第五节 零的符号

我们不太容易让孩子们明白需要用一个符号来表示"零"或者"什么也没有"，如果什么也没有，为什么还要写下一个符号呢？0 并不是用来计数的，我们计数是从 1 开始的。人类早在发明"0"这个符号以前就开始在计数中使用符号了。"zero"这个英文单词源于阿拉伯语，意思是神秘的、充满魔力的符号，这就是 0 最初的意义。对于孩子们来说，0 看上去也的确是一个神秘的符号。

玛雅人使用的关于"0"的符号

在孩子们真正具有计数能力之前，我们不需要把 0 介绍给他们。因为它并不是一个用来计数的数字，所以也不要把 0 写到数字纸条上。不过在进行数字拆分活动时，0 可能会自然地出现。当孩子们把 5 块蛋糕分成 2 组给 2 个洋娃娃时，他们可能把 5 块蛋糕都给了一个洋娃娃，而另一个没有蛋糕。这时，我们可以告诉孩子们，用"5=5+0"或者"5=0+5"来记录这种分法。

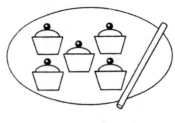

5=5+0

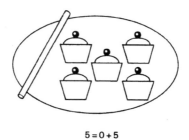

5 = 0 + 5

我们可以让孩子们做"5-5=□"这样的减法来引出 0，把它读作"零"。

做本章活动所需要的器材

· 所有在第二章至第四章里提到过的器材（见第 18 页、第 31 页和第 44 页）。

· 数字卡片和符号卡片。

给读者的建议

1. 让几个 5 岁的孩子把 5 和 3 相加，观察他们是如何解决问题的。他们利用了物体或自己的手指吗？他们是数了 5 个之后再数 3 个吗？他们是没有经过任何思考就直接给出答案吗？他们知道 8 比 5 多吗？

2. 让这几个孩子回答"8 去掉 3 后是几？"，观察他们是如何解决问题的，再让他们根据"8 去掉 3"来编一个故事。

3. 想一想：当数字纸条上出现"0"的时候（如下图所示），孩子们会遇到什么不必要又不好解决的麻烦？

0	1	2	3	4	5	6	7

4. "6 个苹果比 4 个苹果多"这句话可以换一种方式表达，如"4 个苹果比 6 个苹果少"。把下面的句子和式子进行类似的变换：

（1）6 比 4 多。

（2）6>4。

（3）4 个苹果加上 2 个苹果，就是 6 个苹果。

（4）4+2=6。

第六章 | **图形和长度**

她想要的，身边到处都有。[1]

——约翰·雷

在第二章里（见第 8~11 页），我们讲到过一些活动，与图形和长度的初步概念及语言有关。这一章里我们讲到的活动，可以进一步向孩子们介绍关于图形和长度的重要概念，以及用来表达这些概念的语言。

---

[1] 这句话或为谚语，作者想表达的是：生活中的很多物品，都可以作为孩子们做活动的器材。

第一节 立体图形

孩子们在婴儿时期就通过触摸、观察以及摆弄物体来认识立体图形，早在他们能够思考平面图形之前就已经对立体图形的属性产生了兴趣。他们随意地用立体的物体玩耍，用它们拼搭、堆叠、建造出各种各样的东西，同时也在观察：这些立体的物体，怎么放在一起合适，怎么放在一起又不合适；同一个盒子，怎么放是卡车的车厢，怎么放又成了一座城堡；同一个圆筒，怎么放是车轮，怎么放又是大船上的烟囱；等等。

 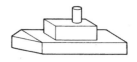

这些活动以及其他更多结构化①的求同活动，可以用来向孩子们介绍一些概念和相关术语，例如："圆的""平的""面""边""直的""弯的""角"。有的物体能滚动，是因为有"圆的"部分。有的物体能稳固地立着，是因为有"平的"部分。这个"平的"部分就叫作"面"。"面"被"边"包围着，"边"能被看见，也能被触摸到，它们可能是"直的"，也可能是"弯的"。"边"相交在一起，就形成"角"。日常生活中的物体，如盒子、罐头盒、包装盒、球、卫生纸筒等，和商店里出售的立体图形一样适用，都可以用来向孩子们介绍这些概念。

---

① 结构化的活动是指由老师预先设计好的，按某种程序或步骤进行的活动，与之相对应的是自然活动，即孩子们自发的、随机的活动。

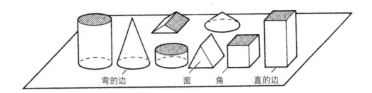

弯的边　　　　　面　角　直的边

可以通过接下来这个求同活动加深孩子们对这些术语的理解。准备两套相同的立体图形（模型），一套用来展示，另一套藏在盒子里，不让孩子们看见。老师从盒子里拿出一个模型（不让孩子们看见），让一个孩子从背后用手拿着摸，并描述自己摸到的模型是怎样的：有一部分是圆的，或者全都是平的，有几条边、几个角。其他孩子要根据这样的描述来猜是什么模型，并从展示出来的这套模型里找出和描述"完全一样"或者"全等"的模型。最后，让这个摸模型的孩子来找出全等的模型。

在孩子们能够理解性地使用立体图形的名称（圆柱体、圆锥体、正方体等）之前，他们应该先对平面图形有一些体验。到了本章第二节的末尾，你就会知道这么做是为什么。用立体图形拼搭东西的时候，孩子们的注意力会集中到这些图形的"面"上，这些面就是平面图形。他们可以用这些面在硬纸板上拓印出痕迹，或者用笔沿着面的边缘画出轮廓，再剪下来。这时候，他们就可以开始探索平面图形的一些属性了。

第二节　平面图形

　　下面我们要介绍的平面图形有圆形、正方形、长方形和三角形。可以选一些平面图形来做接下来要讲的活动，例如下面这套图形，括号内的数字表示图形的数量（例如：1个大的圆形，2个中等的圆形，2个小的圆形，等等）。这些平面图形中，最好有一些和孩子们已经使用过的立体图形的某些面是全等的。可以用硬纸板剪出这些图形，然后塑封起来。

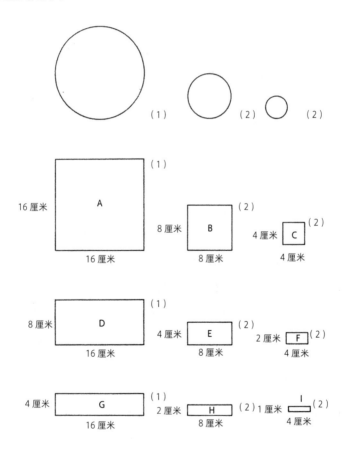

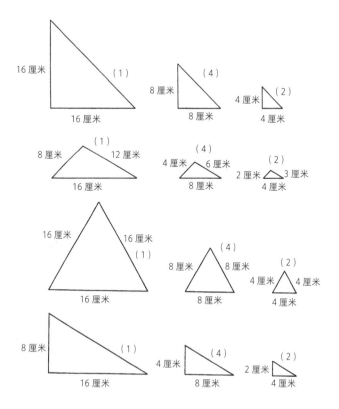

　　如果一个人只见过上一页中这样排列得整整齐齐的正方形，就不能迅速说出下图中的第一个图形也是正方形，他可能会说它是菱形。孩子们要像玩立体图形一样，反复摆弄这些平面图形，不断调整它们的方向。用这些平面图形来拼出如下图这样的图画，也能有助于孩子们发现平面图形的某些属性。

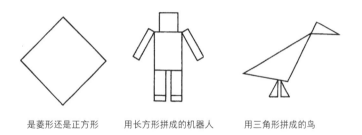

是菱形还是正方形　　用长方形拼成的机器人　　用三角形拼成的鸟

告诉孩子们这些图形的名称，然后用它们来做求同活动：先拿走这套图形中最大的图形（最左侧的一列），让一个孩子在剩下的图形中挑选一个图形，说出它的名称，让另一个孩子找出一个和它全等的图形，再把这两个图形叠起来，看看能不能重合（全等）。然后继续进行这项活动，直到所有的图形都用完。

接着把最大的图形放回去，做一个进阶的游戏：先选择一个最大的图形，让孩子们用其他图形拼出一个和它全等的图形来。下面是两个例子。孩子们很快就会发现，用圆形来拼是不可能完成这个任务的。

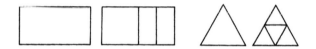

你可能会发现，在第 62~63 页的图形中，每一排图形的形状都是一样的，但是大小不同，这样孩子们对于"和……形状一样"就有了一个很好的概念。（一个孩子把一个汽车模型叫作福特警车，说明他知道这个模型和原尺寸的汽车形状一样。）当我们和孩子们用平面图形做求同活动的时候，就可以把表达这个概念的语言教给他们。我们可以挑出一个大图形，说："我想要一个和它形状一样的，但是小一点的。"先挑出一些和它形状不一样的，让孩子们判断，再挑出一个和它形状一样的给他们看。接着，让孩子们找出更多和它形状一样的图形来。（要检验是否"和……形状一样"，你可以闭上一只眼睛，移动小一点的图形，使它正好遮住离得远的那个大图形。）

还可以用一组形状一样的图形来做"比……大"的排列活动。

排出来的图形就会和第 62~63 页的一样。

　　长方形和长度概念　第 62 页的长方形里也包含一些正方形。正方形是一种特殊的长方形，我们可以称之为正方形，也可以称之为"四四方方"的长方形。第 62 页的长方形里标记着字母，可以方便接下来我们对照着说。"和……一样长"的概念我们在第二章第一节里（见第 9 页）介绍过，现在可以和长方形联系起来说。我们说长方形的"长"，意思是长一点的两条边的长度（当四条边不一样长时）。第 62 页的长方形 D 比 E 要长，但是和 G、A 是一样长的。我们说长方形的"宽"，意思是短一点的两条边的长度。通过求同活动找出来的"长"一样的长方形（如 D、G 和 A），可以如下图这样排列起来。在这个基础上，就可以向孩子们介绍"比……宽"的概念。

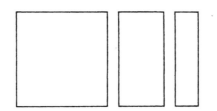

把长度一样的长方形排列起来，表达"比……宽"的概念

　　接着再用这些长方形向孩子们介绍"和……一样宽"的概念。长方形 E 比 F 宽，但是和 C、G 是一样宽的。通过求同活动找出来的"宽"一样的长方形 E、C 和 G，可以如下图这样排列起来。在这个基础上，就可以向孩子们介绍"比……长"的概念。

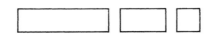

把宽度一样的长方形排列起来，表达"比……长"的概念

这些活动对于测量物体的长度和宽度是很重要的准备工作，我们会在第三节里讲到。

把立体图形和平面图形联系起来　如果这些平面图形中，有一些和我们之前用过的立体模型的某些"面"全等，就可以把这些图形放到对应的面上让孩子们看，把他们的注意力拉回到立体图形和它们的面上，去观察面的形状。我们可以把这些面称为圆形、长方形、正方形或三角形。还可以进一步玩这样的游戏：老师描述一个立体模型的形状，孩子们试着根据一些线索来猜是什么模型，例如："它有一部分是圆的，有一个角，有一个面是圆形。"这种描述符合一套立体模型中的任何一种圆锥体，现在孩子们能理解性地使用"圆锥体"这个词了。通过求同活动，可以找出所有的立体图形，并且说出它们的名称。只有一个圆形部分的是"球"；所有的面都是正方形的是"正方体"；所有的面都是长方形的是"长方体"；有两个全等的圆形平面，又有一个圆形部分的是"圆柱体"；有两个全等的三角形平面，又有三个长方形平面的是"三棱柱"。

所有这些介绍形状概念的活动，都要持续做很长一段时间。不过，一天内不要让孩子们做两个或三个以上的活动。并且，这些活动都要反复去做。

第三节 用实物单位来测量长度

在第二章里，我们通过求同、分类、排列活动，向孩子们介绍了"和……一样长""比……长"以及"比……短"等概念。当孩子们已经牢固地掌握了这些概念后，我们可以把"数"引入他们比较长度的活动中。

让孩子们找一套长度一样的小棒，并把它们排列成一条直线。（下图中的小棒之间有一些间隙，但在实际活动中，小棒应该首尾相连，不留间隙。）

拉维把 3 根小棒排成一行
萨拉把 4 根小棒排成一行
萨拉的比拉维的长

孩子们可以把一根小棒和一辆玩具卡车的车厢进行比较，假设车厢比小棒长，那么它是不是比 2 根小棒排成的一行长呢？是的。那它是不是比 3 根小棒排成的一行长呢？不是，它和 3 根小棒一样长。

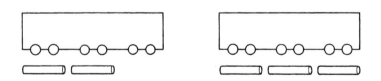

现在这些小棒就充当了长度的单位，我们称之为"实物单位"，因为它们看得见、摸得着，还能用来计数。孩子们要有用各种实物单位（如火柴盒、长度一致的铅笔、花园里一样长的树枝、回形针等）来测量物体长度的体验。

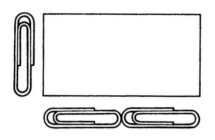

这个长方形的长和 2 枚回形
针一样长，宽和 1 枚回形针
一样长

　　如果老师愿意，还可以告诉孩子们，他们身体的某些部位也可以作为实物单位来测量，如"手的一拃①长""一个脚掌长"。可以先让孩子们把手张开的样子和脚印描画下来，复印几份并剪下来，然后用它们来测量（沿着所要测量的长度，一个手掌或脚掌跟在另一个之后紧挨着测量，同时进行计数）。

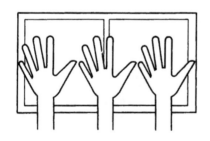

这个橱柜有 3 拃长

　　长度和数字作业　我们可以逐渐把孩子们测量长度的活动和数字作业联系起来。如果玩具卡车的车头和 2 根小棒一样长，那么把车厢和车头连起来，它们就和 5 根小棒一样长。我们做完这项活动后，可以用符号记录为"3+2=5"。

①拃，读 zhǎ。手指张开，大拇指和中指或小指之间的距离为"一拃"。

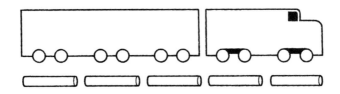

比较 我们可以把车头和车厢摆在一行小棒的两侧，看看车厢比车头长多少。我们可以看到，车厢比车头长 1 根小棒的长度。这项活动可以用符号记录为"3=2+1"。

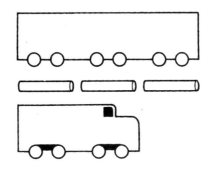

减法 剪下一张纸条，长度和 6 根小棒一样长。如果我们从中剪下 4 根小棒长的一段，那么剩下的有多长呢？我们可以看到，剩下的有 2 根小棒那么长。这项活动可以用符号记录为"6-4=2"。

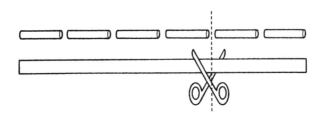

让孩子们做涉及数字作业的测量活动时,准备工作一定要细致。对于这些活动,最重要的是,要选择那些正好是实物单位整数倍长度的物体。所有的测量结果都是近似的。一个孩子可能会说下图中的车厢是 3 根小棒的长度,车头是 2 根小棒的长度,但是当我们把车厢和车头连到一起的时候,它们就变成 6 根小棒的长度。(如果某个孩子自发地要去测量车头的长度,我们要鼓励他去做,并说出结论:"它比 2 根小棒要长一点。")

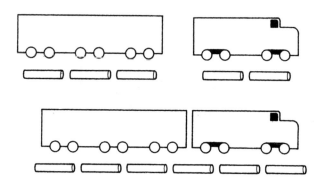

第四节 长度守恒

"和……一样长"的概念并不如看上去那么直白、明确。当两个长度一样的物体被移动后，孩子们可能会怀疑它们是否还一样长。如下图所示，当小棒 X 和小棒 Y 并排放在一起时，孩子们也许能正确地说出 X 和 Y 一样长；当两根小棒分开后，孩子们可能就认为 X 和 Y 不一样长了。

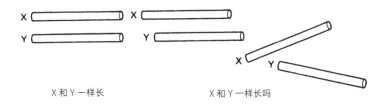

X 和 Y 一样长   X 和 Y 一样长吗

如果他们说"现在 Y 比 X 长"，那么说明他们还没有"长度守恒"的概念。有这个概念的孩子，对于分开了的小棒，会直接说："X 当然和 Y 一样长啦！"因为他知道，移动小棒并没有改变它们的长度。那些没有长度守恒概念的孩子，还不能完全理解第三节所讲的活动在长度方面的意义，不过在数量方面的意义他们还是明白的。在第八章里，我们还会讲到长度守恒。

做本章活动所需要的器材

· 日常生活中的或商店里出售的立体模型,包括各种各样的圆柱体、圆锥体、球体、正方体、长方体和三棱柱。其中有一些是全等的。

· 用卡纸剪出的平面图形,如第 62~63 页的图形所示。

· 截成 3~4 种长度的小棒。

· 火柴盒、长度一致的铅笔、花园里一样长的树枝和回形针。

· 一些剪下来的孩子们的手印(张开手指)和脚印。

给读者的建议

1. 测试几个 5 岁的孩子,看看他们是否有图形方面的概念。他们是否理解"圆的""平的""面""边""直的""弯的""角"这些概念? 他们能否使用符合常规的语言来表达这些概念?

他们是否有"全等""和……形状一样""比……大"的概念? 能否使用符合常规的语言来表达这些概念?

他们对"圆""正方形""三角形""长方形"这些词是怎么理解的?

2. 测试一下你自己有没有长度守恒概念。下图中 *AB* 和 *CD* 两条线段,哪一条更长?

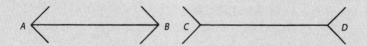

3. 测试几个 5 岁的孩子,看看他们能否理解"比……长""和……一样长"。然后测试一下他们有没有长度守恒概念。如果他们没有通过测试,试着去找一找原因。

第七章 | 容积、重量和时间

> 要理解信息是如何通过其他方式获取到的，
> 可以通过研究视觉感知入门。
>
> ——约翰逊·阿伯克龙比《判断的剖析》

孩子们在容积、重量和时间方面形成比较靠谱的概念，比起在长度方面要晚一些，因为长度是可以目测出来的。正如你在第72页看到的幻视图（*AB* 和 *CD* 两条线段）那样，我们的眼睛会给我们一些和推理不同的暗示，我们的感觉会诱使我们做出判断。我们可以把两个物体并排放来比较它们的长度，但是在比较容积的时候，情况就会复杂很多。一个容器的容积，是指它可以装下的流动物体（如液体、盐或沙）的计量总和，一定量的流动物体可以是任何形状。一个孩子学会把物体并排放来比较长度，那么他就会试图把两杯柠檬水放到一起来比较高度，却忽略了杯子的形状。这个方法在比较长度时十分正确，但是在比较容积时就会产生"感觉的诱骗"，所以不能使用。

哪个杯子能装更多的柠檬水

第一节 对容积的初步体验

孩子们自由玩耍沙、水以及各种各样的容器，就会形成一些关于容积的概念。他们着迷于倾倒流动物体。在这个过程中，液体或沙子的形状会不断发生变化。杯子里的水满了就会溢出来，沙子被塑成某种形状后又可以被推倒。孩子们从中能学到一些关于容积的语言，如"倒""满了""空了""许多""一点"。

刚开始让孩子们做关于容积的结构化的游戏时，应该使用那些明显是全等或明显尺寸不同的容器。把一个茶杯装满水，再把水倒入另一个一样的茶杯里，这两个茶杯的容积是相等的，我们就说："它们装得一样多。"多拿几个一样的茶杯，继续做倒水的游戏，要尽量避免把水洒出来（水槽是必需的！）。接下来，可以用几个明显尺寸不同的容器来做排列的游戏。让孩子们把一个茶杯倒满水，再把水倒入另一个空的马克杯里，马克杯没有装满，我们就说："马克杯能装的水比茶杯多。"再把马克杯装满水，把水倒入空的茶杯里，水就会溢出来，这样就证实了马克杯装的水比茶杯多。

（茶缸）　　（马克杯）　　（茶杯）

按容积大小排列的容器

容积的实物单位　把茶杯里的水倒入马克杯里的活动告诉我们，马克杯能装的水比茶杯多。那么马克杯能装比 2 个茶杯更多的水吗？

我们把第二个茶杯中的水也倒入马克杯里，如果正好填满马克杯，我们就说："马克杯能装的水和2个茶杯一样多。"为了进一步证实，我们把马克杯中的水倒回2个茶杯里，这样，茶杯就成了容积的实物单位。我们可以用图画或图表的形式把所发现的关于容积的情况记录下来。看着下面的图画，我们可以说："茶缸比马克杯装得多，而茶壶则装得最多。"

可以用不同的实物单位，如勺子、茶缸、酸奶盒等，反复做类似的测量活动。

容积和数字作业 用实物单位来做的活动可以和数字作业联系起来。如果想知道多少个茶杯的水可以装满马克杯和茶缸，我们就可以用符号记录为"2+5=7"。比较茶壶和马克杯，我们会看到茶壶比马克杯多装4茶杯水，这样我们就可以用符号记录为"6=2+4"。（也可以用另一种方式来表现：先把茶壶装满水，再把水分别倒入1个马克杯和4个茶杯里。）

准备做这种和数字作业相联系的活动时，要选择那些容积正好是实物单位整数倍的容器。酸奶盒就很合适，因为它可以被剪成所需要的大小。

第二节 容积守恒

当孩子们懂得液体的总量和装它的容器的形状无关时，我们就可以说他们已经具有"容积守恒"的概念。假设我们先把水倒入玻璃杯 X 中，再让一个孩子倒一些水到另一个一样的玻璃杯 Y 中，直到他认为 X 和 Y 所装的水一样多。接着我们把 Y 中的水倒入另一个不同形状的容器 Z 中，并问这个孩子 X 和 Z 所装的水是不是一样多。如果孩子直截了当地说"当然一样多啦"，说明他已经具有容积守恒的概念。如果孩子说"X 中的水比 Z 中的多"，那么说明他还没有这个概念。

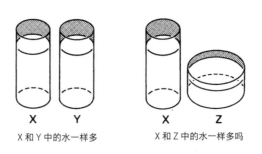

X 和 Y 中的水一样多　　　　X 和 Z 中的水一样多吗

很少有 6 岁（甚至 7 岁）的孩子具有容积守恒的概念。还没有这个概念的孩子在做这些活动时，就经常会遇到第 73 页所说的"感觉的诱骗"。但他们能懂得这些活动在数字作业方面的意义，并且这将帮助他们逐步理解容积是怎么回事。在第八章里，我们还会讲到容积守恒。

第三节　对重量的初步体验

重量是地球引力在物体上作用的力，这种力不能被看见，但是我们拿起物体的时候会感受到。如果拿起来很费劲，我们说它很重。如果我们想猜猜两个物体哪一个更重，可以一手拿一个，掂量一下分量再做出判断。孩子们形成"比……大"的概念，是通过眼睛看出来的。所以，如果让他们比较两个物体的重量，他们就很容易也去看物体的大小，从而受到"感觉的诱骗"。他们需要学习区分大小和轻重的概念。假设两个孩子坐在跷跷板的两端，落下的孩子就比升起的孩子重。如果跷跷板保持水平，那么两个孩子就是一样重。要向孩子们解释这种复杂的认知过程，使他们理解"比……重""比……轻""一样重"的概念，就要让他们观察上面所说的跷跷板的这种特性，以及自由地玩耍天平。天平能很清楚地告诉我们两个物体中哪个更重。并没有什么明显的道理来说明其中的理由，我们只是从体验中了解到了这一点。

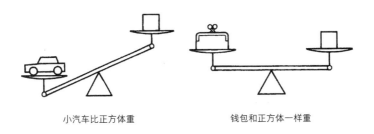

小汽车比正方体重　　　　　　钱包和正方体一样重

在孩子们用天平来比较两个物体的轻重之前，要让他们先用手掂量物体来猜测哪一个更重，再用天平来检验他们的猜测是否正确。孩子们有了大量使用天平的体验后，就可以用三个物体（如一颗鹅卵石、一块海绵和一个玩具）来做"比……重"的排列活动了。鹅卵石很小，但是比海绵重，这可以让孩子们明白，物体的大小和重量并没有必然关系。

（玩具车）　　　（鹅卵石）　　　（海绵）

根据重量来排列物体

重量的实物单位　准备 20 个橡皮泥球，其中 10 个球每个重约 50 克，另外 10 个球每个重约 100 克。所有的小球要能在天平上互相平衡，大球也一样。把这些球分给两个孩子，让他们把球分成两堆一样重的。这项活动需要相当长的时间，但是非常值得做。最后孩子们会有两套球，可以作为重量的实物单位。

选择其中一套球来操作，先把一颗鹅卵石放在天平的一个托盘上，再把一个球放在另一个托盘上。假设鹅卵石比球重，那么它是否比两个球更重呢？如果是的，我们就继续在托盘里增加球，直到天平平衡，然后数一数托盘里的球的数量，这样就测出了鹅卵石的重量。

重量和数字作业　假设我们测出鹅卵石和 8 个球一样重，海绵和 2 个球一样重，当把鹅卵石和海绵放在同一个托盘里时，我们会发现需要在另一个托盘里放 10 个球才能和它们保持平衡。这项活动就可以用符号记录为"8+2=10"。

第四节　重量守恒

要让关于重量的活动有意义，孩子们就必须理解物体的重量和它们的大小是无关的。我们可以通过下面这个游戏测试孩子们是否具有"重量守恒"的概念。准备三个包裹：X、Y、Z，它们的重量一样，但是大小不同。我们把 X 和 Y 放到天平上，孩子们会认可 X 和 Y 是一样重的。接着，我们把 Y 和 Z 放到天平上，孩子们也会认可 Y 和 Z 是一样重的。最后我们问孩子们 X 和 Z 哪一个更重，具有重量守恒概念的孩子会说"X 和 Z 肯定一样重，因为它们都和 Y 一样重"。但是差不多所有 6 岁的孩子都会认为 Z 比 X 更重，因为 Z 比 X 更大。

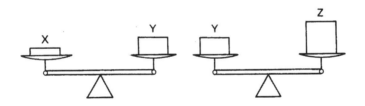

很少有 6 岁甚至 7 岁的孩子具有重量守恒的概念，但是他们能明白第三节所讲的活动在数字作业方面的意义，这会帮助他们逐步理解重量的概念。

第五节　对时间的初步体验

不同于长度、容积和重量，时间既看不到又摸不着。所有的时间测量装置，都是用时间以外的量来计时的（例如，钟用的量是距离或者旋转次数；沙漏用的量是容积）。一个孩子能从钟面上读出时间，并不表示他已经对钟实际测量的量——时间有了概念。年幼的孩子对于时间逝去的速度所知甚少，一个能使他们全神贯注的活动或游戏，似乎只花了一点点时间，而一节让他们讨厌的课则好像尤为漫长。我们该如何让孩子们明白做一件事需要多久是可以测量的呢？

我们第一次介绍给孩子们的测量时间的装置，应该是一种可以被看见或听见的用于测量较短时间间隔的东西，例如节拍器、摇晃的钟摆或者声音很大的钟。把一块橡皮泥粘在线的一端，另一端悬挂起来，就能做成一个简单的钟摆。我们可以调节节拍器声音的节奏或者钟摆摆动的速度（调节线的长度就可以实现），孩子们就能说出咔嗒声（或摆动）是快还是慢。要让他们合着拍子数一数咔嗒声或摆动的次数，感受它们的节律。（这种体验对他们未来学习音乐也是有益的。）我们可以通过这种方法来测量做活动所需的时间：当詹妮在穿鞋的时候，我们可以数出多少下咔嗒声？约翰穿鞋时呢？如果詹妮穿鞋时我们数出了 12 下，而约翰穿鞋时我们数出了 10 下，我们就说詹妮用的时间比约翰的长，约翰用的时间比詹妮的短。请注意，我们描述时间的词是从描述长度那里借用的，因为长度是一种可以被看见的量。孩子们可以互相测量彼此做活动所需的时间，例如画一座房子、走过游戏场、跑过游戏场。他们可以把"时间比……短"和"比……快"联系起来，跑比走要快，跑过游戏场所需的时间比走过游戏场的要短。

使用不同速度的节拍器或做了多种测量活动后，我们就可以把"秒"介绍给孩子们了。把节拍器调到 60，每"咔嗒"一声，就表示 1 秒。把钟摆做成 1 米长，这样摆动一次就是 1 秒（一个来回是 2 秒）。现在就可以用"秒"替代咔嗒声来测量活动时间了。我们可以利用测量时间的活动来促使孩子们用更快的速度收拾东西或是准备上课。"你们昨天做好上课准备用了 25 秒，看看今天能不能更快些！"

本章以及第六章所介绍的活动，都不一定要用符号记录下来，偶尔可以由老师或者孩子们自己画图，帮助他们回忆这些活动。但是大部分的作业都应该是口头的。

测量容积、重量和时间所需要的器材

· 一个沙盘、一个水槽或水池。

· 多种容器，有些是全等的（例如成套的茶杯）。

· 勺子、漏斗。

· 一些透明的容器。

· 天平（不要太灵敏的）。

· 各种用来称重的物体，包括一些包裹。

· 橡皮泥球或重量相当的正方体，用来作为实物单位。

· 一个节拍器（只给孩子们看，但不让他们操作）。

· 一只声音很大的秒表（只给孩子们看或听，但不让他们操作）。

· 指针能拨动的旧时钟，供孩子们玩耍。

给读者的建议

1. 给几个 6~7 岁的孩子做容积守恒测试。把你们所使用的语言都记录下来，这些记录以后有用（第八章）。

2. 选择一个没有通过容积守恒测试的孩子，尝试教他（她）这个概念，记录下你成功或失败的经历。

3. 给几个 6~7 岁的孩子做重量守恒测试。把你们所使用的语言都记录下来。

4. 选择一个没有通过重量守恒测试的孩子，尝试教他（她）这个概念，记录下你成功或失败的经历。

5. 问几个 6 岁的孩子：

（1）跑和走，哪个快？

（2）跑去学校和走去学校，哪一种用的时间长？

第八章 | 儿童的发展

> 如果让所有的心理学家围坐在一起，他们不会达成任何一个共识。
>
> ——萧伯纳（有改编）[1]

对于关心孩子的成人来说，儿童的行为和思维方面的心理学研究当然是很重要的。在这个研究领域里，贡献最大的心理学家是皮亚杰。这位瑞士心理学家从 20 世纪 20 年代起就有了大量著作，到 1979 年去世的时候，他已经发表了近 60 本著作，500 多篇文章。下面让我们来品读一下他的研究和他围绕这些研究所提出的理论。

---

[1] 这句话原为萧伯纳的一句名言，作者把原句中的"经济学家"改为"心理学家"。

第一节 皮亚杰和孩子们的谈话

皮亚杰设计的关于数量、长度、容积和重量等方面的守恒测试，方法和本书前面所讲的类似。他的测试采用和单个孩子谈话的形式。下面的例子是皮亚杰和一个 5 岁半的孩子（M）的两次谈话记录。皮亚杰在测试她把配对和基数联系起来的能力。他假装向她买糖果。

（皮亚杰拿出 5 枚 1 便士的硬币。）

皮亚杰：一共有多少枚硬币？

M（数了数）：1、2、3、4、5，5 枚。

皮亚杰：每便士给 1 颗糖。（M 照做了）现在有几颗糖？

M：5 颗。

（皮亚杰拿出 7 枚 1 便士的硬币。）

皮亚杰：一共有多少枚硬币？

M（数了数）：1、2、3、4、5、6、7，7 枚。

皮亚杰：每便士给 1 颗糖。（M 照做了）现在有几颗糖？（M 没有立刻回应）1 便士你给我几颗糖？

M：1 颗。

皮亚杰：那么 2 便士呢？

M：2 颗。

皮亚杰：3 便士呢？

M：3 颗。

皮亚杰：这里有几便士？

M：7 便士。

皮亚杰：有几颗糖呢？

M：1、2、3、4、5、6、7，7 颗。

当数量是 5 的时候，M 可以把配对活动和基数联系起来思考。但是当数量是 7 的时候，由于她对数的概念还不够牢固，所以就无法把配对和基数联系起来。

下面是皮亚杰和三个孩子的谈话记录，内容是对他们的长度守恒概念的测试。每个孩子首先看到的都是图 A 中的两根小棒，并且他们都认为这两根小棒的长度是一样的。

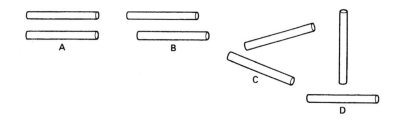

对 6 岁的 S，皮亚杰移动了下面这根小棒，变成图 B 的样子。

S：它们一样长，这头突出来一点，那头也一样。

（皮亚杰继续把小棒移动成图 C 的样子。）

S：它们还是一样长。

（皮亚杰又把小棒移动成图 D 的样子。）

S：它们总是一样长的。

对 5 岁的 F，皮亚杰移动了下面这根小棒，变成图 B 的样子。

F：我想它们是一样长的。（F 自己把小棒移回原来图 A 的样子。）是的，它们一样长。

（皮亚杰把小棒移动成图 C 的样子。）

F：一样长。

（皮亚杰把小棒移动成图 D 的样子。）

F（指着上面这根小棒）：不一样，这根大一些。

对 5 岁的 K，皮亚杰移动了下面这根小棒，变成图 B 的样子。

K（指着下面这根小棒）：这根大一些，因为你推动了它。

（皮亚杰把小棒移动成图 C 的样子。）

K：现在两根都大一些了。

通过这些谈话，皮亚杰得出结论：S 已经理解了长度守恒的概念，K 还没有，F 还处于过渡阶段。

第二节 皮亚杰的"发展顺序不可改变"论

皮亚杰和孩子们进行了大量谈话，所涉及的概念范围非常广。最后，皮亚杰创立了一项关于儿童认知发展能力的理论。他坚持认为，所有孩子都必须经历一系列特定的阶段才能获得某些概念，如数量守恒、长度守恒等，这些阶段的顺序是非常明确的。（还有很多其他概念，他也同样明确了它们在这个顺序中的位置。）他把儿童的认知发展分成四个大的阶段。皮亚杰说，在各个阶段里，儿童的学习会受到该阶段特有的学习模式的支配。这四个阶段如下：

第一阶段（从出生到 18 个月左右）：感知运动阶段

第二阶段（从 18 个月左右到 7 岁）：前运算阶段

第三阶段（从 7 岁左右到 12 岁）：具体运算阶段

第四阶段（12 岁左右以后）：形式运算阶段

下面我们来概述一下皮亚杰理论中各个阶段的儿童特有的思维模式是怎样的。

· · · 第一阶段（从出生到 18 个月左右）· · ·

出于某些未知的原因，婴儿会选择性地优先关注环境中的某些方面。例如，他明白了动作和感觉是有关联的。他发现只要触碰一下他的串珠，珠子就会动。他学会了握住响铃，如果他摇一摇，就会发出声音。如果他没有握住响铃，只是摇一摇手，是不会发出声音的。他明白了物体具有永久性这个概念。对于很小的婴儿来说，只有他看见或摸到某个事物的时候，事物才存在。当他没有握住某个玩具的时候，你把这个玩具拿走，他是不会哭的。但是大一点的婴儿就会知道，即便他看不到某个玩具，那个玩具依然是存在的。

若是你把玩具藏在毯子下，他会开心地掀开毯子，把它找出来。

大一点的婴儿还懂得可逆性这个重要的概念。他拿起一个玩具，又把它放下；把勺子放进平底锅里，又把它拿出来。他把玩具给别人，如果别人又把玩具还给他，他就会没完没了地玩这样的游戏。

· · · 第二阶段（从 18 个月左右到 7 岁）· · ·

皮亚杰把这个阶段又分成两个亚阶段：

第二 a 阶段（从 18 个月左右到 4 岁） 这个阶段儿童的特征是表征能力迅猛增强。最突出的表现是，他能使用词语来表示物体（如"球"）、动作（如"去""做"）以及物体之间的关系（如"里面""上面"）。他的表征能力还体现在游戏中。他用一块积木来表示汽车，用几块积木搭成一座塔、一列火车或是一座房子，还能画出一个人。皮亚杰认为，在这个亚阶段末期，儿童的感知能力已经得到了很好的发展（例如，他能够像成人一样区分两种汽车）。

第二 b 阶段（从 4 岁左右到 7 岁） 在这个阶段的开始，儿童相信世界就如同他所感知的那样。7 颗七叶树果散开的时候，看起来比聚拢的时候要多。皮亚杰说，对于儿童来说，它们的确更多。他能察觉到竖着的瓶子里的水面和瓶底是平行的，但如果让他画一个倾斜的瓶子里的水面，或者倾斜的屋顶上的烟囱，他就会画成下图这样。皮亚杰说，这是因为他还没有"水平"这个概念。

　　正如皮亚杰所总结的那样，儿童对世界的感知是以自我为中心的。他无法想象从另外一个角度去观察他面前的这个场景，也无法想象其他人的感受（他说偷东西是错的，是因为他这么做的话就会受到惩罚）。他认为是自己导致了事情的发生（"瓶子沉了下去，是因为我按了它"）。皮亚杰说，儿童会依靠不断地实践和尝试来解决问题，而不是靠逻辑推理。例如，他可以通过实验来发现8-3=5，但是他不能明白，正因为5+3=8，所以8-3就必定是5。

　　皮亚杰说，第二b阶段儿童的特征是感知能力和不断增强的推理能力之间的冲突。他开始意识到，那7颗散开的七叶树果就是最初聚拢的那7颗。他会通过可逆性来证实这7颗果实可以再聚拢。这时他开始懂得数量守恒的概念。皮亚杰说，在这个亚阶段末期，儿童能够同时思考两种标准了。他能根据两种不同的标准（例如颜色和形状），把同一组物体进行分类；他能看出一个阵列是由行和列组成的；他能使用两个不同意义的数（例如，他能像下图这样把图形排成3组，每组4个）。

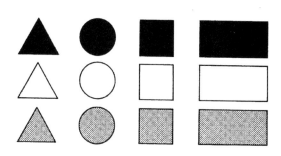

· · · 第三阶段（从7岁左右到12岁） · · ·

　　皮亚杰说，这个阶段儿童的特征是逐渐能够运用逻辑来思考具体情况（真实的或者他想象中的）。他开始能够把涉及数的具象场景概括起来（例如，他能理解加法交换律）。他对可逆性概念的理解加深了，可以通过可逆性来论证既然 5 加 3 的结果是 8，那么 8 去掉 3 后一定剩下 5。（他可能在年幼的时候就懂得了拆分和减法之间的联系，因为这两种方式都是在"分开"，但这并不等同于他理解了减法是加法的逆运算。）皮亚杰说，此时儿童的逻辑论证能力得到发展，他开始进行传递性推理。7 岁或 8 岁的孩子可以根据传递性做出下面这样的推理：

A=B，B=C，所以 A=C；

或者 A>B，B>C，所以 A>C。

你会发现，皮亚杰所说的第二 b 阶段和第三阶段之间没有明显的分界线。在第二 b 阶段，儿童开始把逻辑推理运用到具象场景中，但是他依然是以感知为主导的。在第三阶段，逻辑开始在他的思维模式中占据越来越重要的位置。

· · · 第四阶段（12 岁左右以后）· · ·

最后这个阶段，儿童的特征是能够进行抽象的假设论证，并能根据逻辑进行推理。

· · · 不变的发展顺序链 · · ·

皮亚杰认为，儿童的认知发展包含着许多阶段[①]，儿童经历这些阶段的顺序是完全相同的（尽管经历某个阶段时的实际年龄不一定相同）。例如，他声称所有孩子都按照数量守恒、长度守恒、容积守恒和重量守恒的顺序逐步获得这些概念。没有一个孩子在获得

---

① 这里的"阶段"是指包含在上文所讲的四大阶段中的一系列小阶段。

平行概念之前就获得水平概念。此外，他还声称"学习是跟随发展的，但发展并不跟随学习"。这意味着，根据皮亚杰的观点，再多的教学也不能加快儿童通过他所列出的各个阶段的速度。

皮亚杰并没有给教师提供任何行动方案，但他的研究工作产生了巨大的影响力。不过，他的观点并非没有得到质疑，在下一节里，我们将看到一些质疑他的基本原则的研究。

第三节　皮亚杰理论的挑战者

皮亚杰的理论主要受到了四个方面的挑战：

（1）每个孩子的发展顺序并不是不可改变的。

（2）发展可以通过教学来加速。

（3）皮亚杰严重低估了年幼孩子的推理能力。

（4）皮亚杰没有充分注意到年幼孩子理解语言的方式。

···　发展顺序　···

皮亚杰认为每个孩子的发展顺序是不变的，这个观点受到了许多研究者的质疑。其中特别有趣的一项研究是，与欧洲孩子相比，一些非洲孩子形成数的概念要晚一些，但是形成水平的概念却要早得多（这些孩子经常帮妈妈从井里打水）。

···　加速发展　···

许多研究者都声称可以加快儿童的发展进程，特别是美国心理学家杰罗姆·布鲁纳。与皮亚杰不同，布鲁纳认为学习是一个发展的过程，可以受到教学的影响。下面我们介绍布鲁纳所做的一个实验，这是他受到孩子们在皮亚杰设计的容积守恒测试中的反应的启发而设计的。在皮亚杰的测试中，孩子要把水从容器 X 中倒入容器 Y 中，直到他认为 X 和 Y 中装的水一样多。然后把水从容器 Y 中倒入容器 Z 中，再问这个孩子 X 和 Z 中的水是不是一样多。皮亚杰认为，理解了倒水操作可逆性的孩子会说，因为 Z 中的水可以再倒回 Y 中，所以 Z 中一定装有和 X 中一样多的水。他称这样的孩子为"守恒者"。

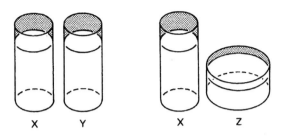

布鲁纳则认为，可逆性并不是这里所涉及的唯一原则。理解可逆性的孩子会说"Z 中的水就是 Y 中的水"。但是布鲁纳说，这里必须继续论证下去：因为 Y 中有和 X 中一样多的水，所以 Z 中也一定有和 X 中一样多的水。布鲁纳发现，许多在这个测试里被归为"非守恒者"的孩子，对于前半部分的论证，即"Z 中的水就是 Y 中的水"这点是认同的。布鲁纳认为这些孩子是具有可逆性的概念的，只是没有把它应用到这个问题上，而是通过感知来回应，所以他们才说"Z 中的水和 X 中的水不一样多"。例如，一个 5 岁的孩子，会认为 X 中的水比 Z 中的多，"因为它看起来多一些，也高一些"。但他也同样认同，如果把水从 Z 中倒回 Y 中，"水又会一样多了"。

根据这样的观察，布鲁纳设计了一个实验，试图通过遮挡来避免孩子们受到感觉的影响，从而教他们理解守恒的概念。在实验前，孩子们都做过皮亚杰的测试，分出了"守恒者"和"非守恒者"。在第一阶段的教学中，向孩子们展示两个相同的容器 X 和容器 Y，X 中有水，Y 是空的。把水从 X 中倒入遮挡物后面的 Y 中，孩子们能看见倒水的动作，但是看不见结果；再问他们 Y 中的水是不是和 X 中的一样多；然后用不同形状的容器来替代 Y，重复这个过程。孩子们每次都看不见倒水后的结果。

接着，在第二阶段的教学中，不用遮挡物来重复做这个实验。

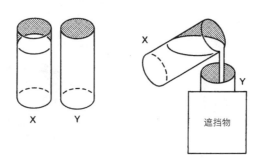

这时，孩子们需要先预测水从 X 中倒入 Y 中水面的高度，然后再去观察实际结果。让他们讨论预测和实际结果相符或不相符是基于什么样的原因。在完成第三阶段的教学（这部分内容和我们要讲的无关，不列在这里）后，再次对孩子们进行皮亚杰守恒测试，结果如下：

孩子们的年龄	4 岁	5 岁	6 岁	7 岁
守恒者比例（教学前）	0%	20%	50%	50%
守恒者比例（教学后）	0%	75%	90%	90%

布鲁纳认为，即使在实验时某些孩子可能已经接近于理解这个概念，但这些统计数据还是能够表明，教学是可以加快一些孩子的发展进程的。

以上内容来自布鲁纳的著作，但并非原文。

· · · 儿童的推理能力 · · ·

皮亚杰认为，儿童在达到具体运算阶段之前是不可能进行传递性推理的，而具体运算阶段始于 7 岁或更晚一点的时候。这个观点看上去并不对。我经常看到 6 岁的孩子运用"A=B，B=C，所以 A=C"这样的传递性推理。举一个例子，一个 6 岁的孩子在做"4+5"这样的加法题时，会直接在答案处写上"9"。我问她是不是知道 4+5=9（记住了口诀），她说："不知道，但我知道4+4=8。"这说明她肯定在内心进行了推理，说不定还产生了一些具象的想象。（当然，没有人会指望一个6岁的孩子能像下面这样，用符号记录这个推理过程。）

$$4+5=4+4+1 \qquad A=B$$
$$4+4+1=8+1 \qquad B=C$$
$$8+1=9 \qquad C=D$$
$$所以\ 4+5=9 \qquad 所以\ A=D$$

这是一次对传递性推理的复杂的应用，那些已经懂得加法意义的孩子应该能够做出这样的推理。

彼得·布赖恩特和汤姆·特拉巴索这两位心理学家做过一个实验，他们的研究证明了4岁的孩子是可以进行诸如"A>B，B>C，所以A>C"这样的推理的。他们首先给几个4岁的孩子看5根不同颜色的小棒，但是不让他们看到小棒的末端，也就是说他们不知道小棒的长度。接着告诉他们一些信息，例如，"红色小棒比蓝色小棒长""蓝色小棒比黄色小棒长"。得到这些信息后，孩子们要回答这样的问题："红色小棒和蓝色小棒，哪根长？"这个问题只需要孩子们能记住信息就可以，大约90%的孩子能正确回答这种"记忆"类问题。同时他们还要回答这样的问题："红色小棒和黄色小棒，哪根长？"这个问题涉及了传递性推理，大约88%的孩子能正确回答。布赖恩特的结论是，年幼的孩子可以进行传递性推理，不过他们可能在记住基本信息上有一定的困难，而推理需要以这些信息为依据。布赖恩特还指出，当水瓶倾斜时，孩子们把水面画成和瓶底平行，并不是由他们以自我为中心的感知造成的。他们可能注意到在常见的情况下水面和瓶底是平行的，因而进行了推理，认为在不常见的情况下这个法则也同样适用。这看上去比皮亚杰的观点更可信。（孩子们说"抓住了"的时候，用"catched"而不是"caught"，也是因为他们做了类似的推理。他们认为，那些适用于"walk""wash""push"的法则也同样适用于"catch"。）①

···儿童对语言的理解···

根据心理学家玛格丽特·唐纳德逊的观点，皮亚杰设计的测试并没有充分关注到孩子们理解语言的方式。在她看来，测试者比孩子们更经常表现出自我中心主义。她指出，如果以为孩子们在使用某些语言时，和成人一样理解这些语言的含义，那是很危险的。她说，理解产生于使用之后。孩子们是通过大体的语境，结合手势和面部表情来理解别人的说话要点的。他们有一种本能的愿望，要把别人做的事和说的话安上一层意思。他们的实际推理能力比皮亚杰所说的要强得多。他们在测试中做出错误的判断，往往是因为语言理解的问题，而不是进行了错误的推理。

我们再来看看前面皮亚杰对孩子 K 进行长度守恒测试时的谈话记录（见第 86 页）。K 说皮亚杰移动过的小棒"大一些"。当皮亚杰移动两根小棒时，K 说它们都大一些。他那样说可能是因为什么呢？比什么大一些呢？他是真的被感觉诱骗了吗？还是说，他只是想表达他能看出皮亚杰改变了小棒的摆放形式？孩子们会以为他们尊敬的成人想让他们使用"更大"这样的词，所以才这么说。据了解，7 岁的孩子会认真参与讨论成人提出的"牛奶比水大吗？"这样的问题。唐纳德逊还举了其他的例子来说明，孩子们会试图去

---

① 在英语语法中，"walk""wash""push"是规则动词，变为过去式时在词尾加"ed"；"catch"是不规则动词，变为过去式时不遵循这个规则。

理解成人的语言，认为它们是有含义的。她举出了对一些 3~5 岁的孩子讲的一个故事，其中包含一些同音不同义的词（例如"一只野兔跑过田野""他们沿着码头散步"）。很多孩子把这些词理解错了，但却接受了故事的内容①。当问一个孩子"quay（码头）"是指什么，他说"开门用的"。当问他"人们可以沿着一把钥匙走路吗"，他点点头。如果要让这个故事讲得通的话，那这么走路就是可能的。

现在让我们来看看，假设孩子们不是和受尊敬的成人交谈，而是和一个看上去比他们所知更少的人打交道，会发生什么。心理学家詹姆士·麦加里格尔改动了一下皮亚杰的长度守恒测试：不再由测试者来移动小棒，而是让一只"淘气"的泰迪熊去干扰并弄乱小棒。麦加里格尔发现，比起皮亚杰的标准测试方法，用这种方法来测试时，有更多的孩子被归为"守恒者"。他的结论是，一些孩子在两种测试场景中对同一种语言的理解是不同的。

上面的例子表明，孩子们在理解他人意图的时候，语言只是其中的一条线索。他们试图去理解他人意图的这个事实，已经表明了他们并不像皮亚杰所说的那样以自我为中心。当他们判断错误的时候，并不是因为以自我为中心，也不是因为推理能力弱，而是因为他们还不能通过语境来分析语言本身。从语境中抽象出语义的能力也是数学所需要的。正是因为我们相信，对孩子们来说，这样的抽象过程是困难的，我们在这本书中才如此频繁地在每讲一个新的概念的时候，都先把它放到真实、具象的体验（"体验—语言—图画—符号"四个步骤的第一步）中，再通过讲故事的方式把抽象的算式和真实情景联系起来。

我们在第二十一章讲"学习理论"的时候，还会讲到皮亚杰。

---

① 在英语中，野兔"hare"和头发"hair"发音相同，码头"quay"和钥匙"key"发音相同，所以很多孩子会把这两句话理解为"一根头发跑过田野""他们沿着钥匙散步"。

第四节 结 论

你可能会认为，我们把皮亚杰放到一个宝座上，只是为了"把他打倒"。如果他的理论受到这样的挑战，那么当我们和孩子们相处时，他的理论又怎么能帮助到我们呢？我们的回答是，皮亚杰使我们注意到了孩子们一个又一个的行为特征。没有人会否认，5 岁的孩子确实会说 7 颗七叶树果散开的时候比聚拢的时候更多。我们不能忽视这样的情况，也不可能要求这些孩子在 7 颗一堆的果实中再加上 2 颗，就期望他们由此获得一个概念，知道了加法在数学上的意义。如果他们认为，7 颗果实散开后会变得更多，那么在某些情况下，他们也会认为加上 2 颗会使得一堆果实看起来更少。当孩子们在守恒测试中判断错误时，我们就有了一个绝佳的机会来反思自己是否接受皮亚杰的解释：孩子们并不相信物体（或物质）的永久性或守恒性，他们认为重新调整下物体（或物质）的位置，就真的会导致果实消失、柠檬水没了，或者小棒变长了。也许我们可能能会接受另一种解释：孩子们对语言（如"更长""更多"等）的理解和我们不一样。

皮亚杰的测试是非常有意义的。我们应该对这些测试结果进行最恰当的解释，再据此和孩子们交流。

给读者的建议

1. 皮亚杰断定，每个孩子都按照同样的顺序，经历他所说的各个发展阶段。对此，你发现了反例没有？例如，在测试孩子们的守恒能力时，你是否发现有的孩子有重量守恒概念，却没有容积守恒概念？

2. 你有没有任何证据来挑战皮亚杰关于"再多的教学也不能加快儿童发展概念的速度"这一论断？例如，让孩子们做守恒测试时，对那些失败的孩子，你能不能教会他们？

3. 研究一下你对孩子们进行守恒测试时的记录。它们能否显示出，孩子们做出错误的判断，是因为"感觉的诱骗"，还是因为他们无法像成人一样理解语言？

4. 下面这个日常生活中的例子涉及了传递性推理："我的地毯和这种棉布很相配，这种棉布和窗帘料子很相配，所以窗帘料子和地毯很相配。"

请找出其他类似的例子。

第九章 ｜ **更多的数**

没有筹码[①]，我可算不出来。

——莎士比亚《冬天的故事》

在第五章里，我们介绍了关于加法、拆分、比较和减法的运算，说明了如何通过"体验—语言—图画—符号"这四个步骤来向孩子们介绍这些运算。其中"图画"这个步骤是不可缺少的，它是"体验"和"符号"之间的衔接点。在孩子们理解符号代表了很多真实的情况之前，建议一直让图画这种形式伴随符号出现。一个孩子能够编出几个故事来说明"7-2=5"这道算式，表明他（她）开始理解算式的普遍性了，他（她）可能不再需要通过图画的形式来获得提示。在这一章里，我们来讲一讲如何帮助孩子们扩展他们对上述四种运算的理解，以及如何促进他们更加熟悉数和数的性质。

[①] 这里的"筹码"，即后文中提到的"棋子"，是用来计数的工具。

第一节　加法组合

对于"6"这个数，我们所熟知的有"4+2=6"和"3+3=6"。在这一节里，我们将研究用什么办法可以帮助孩子们记住这样的口诀。所有我们用"6"举例的活动，都适用于其他数。

算式"4+2=6"可以称为"6"这个数的加法组合之一，我们可以鼓励孩子们通过拆分"6"来找出更多关于"6"的加法组合。

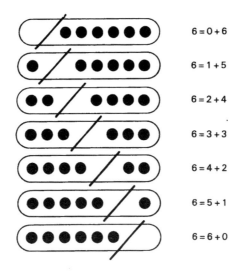

算式的读法　之前我们曾建议孩子们把"="读作"就是"，那么到现在这个阶段，就可以把它读作"等于"了，同时"4+2"也可以读作"4加2"，用来替代"比4多2"。

孩子们对上面的图片和算式中呈现出来的规律会很感兴趣，这样的规律有助于他们记住这些加法组合。下面还有很多活动和游戏可以帮助他们记忆。

· · · 纸牌游戏 · · ·

从一副纸牌中选出 20 张，分别是 4 种花色的 A、2、3、4、5。每一张纸牌上的数字和点数都对应，除了 A，它的上面没有数字"1"（但代表 1 个点）。用这 20 张纸牌来做下面的游戏。

6 点佩尔曼游戏（供 2~3 人玩） 把所有纸牌都正面朝下放在桌上，孩子们轮流翻开纸牌，每次翻 2 张。如果 2 张纸牌上的点数加起来是 6，那么这个孩子就可以把这 2 张纸牌配对并收走。如果加起来不是 6，那么就把它们再倒扣回去，由下一个孩子接着翻。当所有纸牌都被收走后，拥有最多配对纸牌的孩子获胜。（游戏时，孩子们需要记住某点数的纸牌的位置，在这一点上，他们可能比成人还强。）

6 点拉米游戏（供 2~3 人玩） 给每个孩子发 4 张纸牌，剩下的叠起来正面朝下放在桌上。翻开最上面的一张纸牌放到旁边，由第一个孩子从手中拿出一张纸牌和桌上这张配成 6 点，再从手中随意拿出一张放到桌上，作为接下来要配对的纸牌。如果手中的纸牌不能和桌上的纸牌配成 6 点，那么他就要从桌上那一叠纸牌中取一张到手上，接着轮到下一个孩子。游戏一直持续到某个孩子手中没有纸牌为止，这个孩子就是获胜者。游戏过程中，已经配好对的纸牌要一直摆在桌上，这样可以帮助孩子们记住加法组合。

6 点捉对游戏（供 2 人玩） 给每个孩子发 10 张纸牌，两人轮流出牌。如果 2 张纸牌上的点数加在一起是 6，那么第一个喊出"6"的孩子就可以收走这对纸牌。这样一直持续到其中一个孩子收走所有纸牌为止。这个游戏要求反应速度快，孩子们常常会玩到情绪高昂。这个游戏还可以更进一步，既可以喊"5"（点数加在一起是 5 时），也可以喊"6"，这就要求孩子们更快地回忆起加法组合。

··· 猜猜有多少 ···

做这个游戏，要把 6 颗棋子或纽扣交给一群孩子。由一个孩子操作，其他孩子闭上眼睛。这个操作的孩子要拿走一些藏在自己手中，然后其他孩子睁开眼看桌上剩下的棋子或纽扣，并猜一猜有几颗被藏起来了。接着他们一起数一数那个孩子手中有几颗，看看自己猜得对不对。

··· 数字蜘蛛 ···

在这个游戏中，我们在黑板上写下数字"6"，并画一个圈表示蜘蛛的"身体"，再从圈往外伸出 8 条"腿"。让孩子们一个接一个地说出有什么办法可以得到这个 6，这些办法里应该包括关于 6 的加法组合，以及一两个大胆的建议，例如"7-1"或"8-2"。（这个游戏需要成人来组织，因为它和其他游戏不同，它不能检验孩子们说出的办法是否正确。）

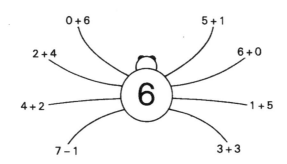

··· 把加法组合和比较联系起来 ···

"比较"和"拆分"十分类似。当比较 6 个洋娃娃和 4 块蛋糕的时候，我们把洋娃娃拆分成 4 个的一组（与蛋糕"配对"）和剩

下的一组。这时我们就可以让孩子们在心里比较它们：如果我们有
4块蛋糕和6个洋娃娃，那么有几个洋娃娃没有蛋糕呢？如果有6
个男孩和3个女孩，男孩比女孩多几个呢？

· · · 把加法组合和减法联系起来 · · ·

从6里面去掉2与把6拆分成2个的一组和剩下的一组，这两
者之间的差别很小。事实上，"猜猜有多少"这个游戏可以看成一
种减法游戏。

当我们提醒孩子们注意这两者的联系后，就可以让他们心算诸
如"6-4""6-1"这样的题了。

· · · 编故事 · · ·

最后，我们要鼓励孩子们去编一些关于6的故事，这些故事要
包含"拆分"或"减法"。我们可以帮孩子们给故事开个头，例如："这
里有6只小鸡。"孩子们继续往下编，他们可能会编出这样的内容：

"3只黄色的，3只花的。" （6=3+3）

"2只跑掉了，剩下4只。" （6-2=4）

孩子们做关于6的加法组合的活动时，如果对此感到厌烦，那
么在重复做关于7、8、9、10的加法组合的活动时，穿插一些其他
的数学活动是明智之选。

第二节　11 到 19 的数词

孩子们当然会在计数活动中用到 10 以上的数。对物体进行计数，或是按顺序唱数，对孩子们来说都是很有趣的，他们会自发地去做这些活动。

十几的数本身的构成就说明了它们的意义。fourteen 的意思就是"four 加 ten"，fifteen 的意思就是"five 加 ten"，等等[①]。我们没有必要把这些信息告诉 6 岁的孩子，但可以通过强调"10"和十几的联系，来让他们理解十几的数。我们可以先拿出 10 本书，把它们堆起来，同时让孩子们数一数。接着我们再拿来 1 本书放在这堆书的边上，问现在有几本书。如果孩子们有了把计数顺序和"再多 1 个"联系起来的概念，他们就能直接说出"11"，但有些孩子还是需要从头开始数完所有的书。我们告诉孩子们，"11"的意思就是"10 加 1"。接着我们再拿 1 本书放在旁边那本书上面，让孩子们看到现在是 10 本书加 2 本书，再问他们现在有几本书。当他们说出有 12 本书时，我们要告诉他们，"12"的意思就是"10 加 2"。持续这样的过程，一直到摆出 19 本书。

我们可以在这项活动后进行关于十几的口头练习。10 加 6 是几？10 加 3 呢？你想要 16 颗糖还是 13 颗糖？ 13 便士的冰激凌和 16 便士的冰激凌，哪一个贵呢？我们还可以玩一个"猜数"的游戏：随意选择一个"神秘数"，并告诉孩子们这个数比 10 大，孩子们可以问这个数是否比其他数大。下面是一个例子：

[①] 这里作者是从英文单词的构成这个角度来说的。"fourteen"就是"four 加 ten"，即"14 就是 4 加 10"；"fifteen"就是"five 加 ten"，即"15 就是 5 加 10"。但"eleven（11）"和"twelve（12）"例外，因为它们源自古英语单词，不遵循这一构词法。我们也可以从中文的读法来理解十几的数。例如，"十三"就是"十加三"，"十六"就是"十加六"。

"比 15 大吗？" "不是。"

"比 12 大吗？" "是的。"

"比 13 大吗？" "不是。"

聪明的孩子会从这些问答中猜出"神秘数"。经过几次练习后，其他孩子也能学会如何猜数，有能力的孩子就可以担当选择"神秘数"的角色了。为了巩固上面的练习成果，可以鼓励孩子们数一数更多物体（它们的数量都在 10 到 19 之间）。数的时候，先把 10 个放成一堆，再数剩下的。这个时候，我们可以向孩子们介绍"结构化教具"① 了，例如各种颜色的、很容易组装到一起的拼插正方体。可以让孩子们拿出 15 个红色的拼插正方体，先拿出 10 个组成一列"小火车"，然后拿出 5 个；也可以让孩子们拿出一些棋子，把 10 颗装进一个塑料袋里（用橡皮筋扎住，并在袋子外面写上"10"）；还可以使用小棒，10 根一捆，用橡皮筋捆起来。

用结构化教具来表示"15"

---

① "结构化教具"是指那些成套系的、大小规格一致的、可以组装的教具。拼插正方体就是其中的一种。

第三节　十几的数字

在现在这个阶段，我们最好不要把 14 这个符号解释为"1 个 10 加 4 个 1"，只需要解释为"10 加 4 个 1"就可以了。等孩子们以后接触了 20 以上的数时，我们再来进一步解释。例如 23，我们可以把它解释为"2 个 10 加 3 个 1"[①]。

向孩子们介绍数字十几，我们可以使用一套写有 1 到 9 的数字卡片，以及一张大的写有 10 的数字卡片。"10"中的"0"要正好能被其他任何数字卡片盖住，只露出"1"来（参考下图）。我们给孩子们看"10"这张卡片，让孩子们读出数字"10"，并拿出"1"这张卡片问他们："10 加 1 是几？"当孩子们回答"11"的时候，我们就把"1"这张卡片盖到"10"中的"0"上面，这样就是"11"了。我们继续用类似的方式，让孩子们看 10 加 2 是 12，10 加 3 是 13，直到 19。

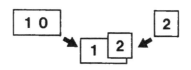

现在给孩子们用的数字纸条可以写到 19 了（每个孩子都可以自己在方格纸上制作一张）。第四章里建议的读数字游戏（见第 35~36 页）可以再玩一次，用来学习这些新的数字。当孩子们心算诸如"10 加 2 是几""10 加 8 是几""14 和 16 哪个多"时，就可以参考这张数字纸条。我们可以让孩子们翻到一本书的第 13 页，

---

① 把一个数十位上的数字 X 解释为"X 个 10"涉及位值的概念（见第 136 页），所以作者认为在现在这个阶段不宜这么解释。

问他们前一页和后一页分别是第几页。还可以让他们做一些书面作业，例如把一组数字（如11、7、9、15）按顺序排列，或者做下面这样的加法填空题：

$$10+5=\square \qquad 16+1=\square \qquad 17+2=\square$$

第四节 十几的运算

···十几的加法···

十几的加法就是在十几的数上再加一个数，和要小于 20。这类"体验"活动可以用结构化教具来操作。例如要做"12 加 5 是几"这样的题，孩子们可以先把 12 个物体摆成 10 个和 2 个，再加上 5 个，就能看出来现在是 10 个和 7 个了。

  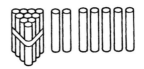

还可以设计下面这样的作业，让孩子们注意到一个有用的规律：

2+5=□　　12+5=□

4+3=□　　14+3=□

3+6=□　　13+6=□

孩子们会很激动地发现：如果知道 4+3=7，就可以立即预测出 14+3=17。为了强调这样的发现，可以让他们把数字纸条在 10 和 11 之间剪断，把后半段放在前半段的下面，如下图所示：

1	2	3	4	5	6	7	8	9	10
11	12	13	14	15	16	17	18	19	

这些数字排列成的规律就很明显了：12 在 2 的下面，14 在 4

的下面，以此类推。如果孩子们用过数字纸条来做加法（见第48页），那么4+3和14+3之间的联系就可以通过另一种方式呈现出来：从4开始再数3格就是7，从14开始再数3格就是17。

· · · 加法填空 · · ·

要做"17=14+□"这道题，我们可以把17拆分成14和剩余的部分，这类问题也可以用结构化教具来展开"体验"活动。孩子们拿出17个物体，摆成10个和7个，然后分出14个，再数一数剩下的有几个。

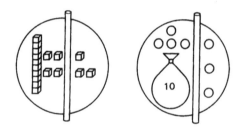

要突显7的加法组合和17的加法组合之间的联系，也可以把作业设计成下面这样，引起孩子们的注意：

$$7=4+\square \qquad 17=14+\square$$
$$7=1+\square \qquad 17=11+\square$$
$$7=5+\square \qquad 17=15+\square$$

在完成作业后，孩子们要像往常一样大声念出算式，并根据其中之一来编一个故事。故事可以是关于拆分的（例如"西蒙有17辆小汽车，他拿出14辆来玩，还有3辆留在玩具柜里"），也可以是关于比较的（例如"这张桌子有 17 根小棒那么长，小火车有 14 根小棒那么长，所以桌子比小火车要长 3 根小棒"）。

···· 十几的减法 ····

已经理解了减法和拆分之间的联系的孩子，可以使用结构化教具来回忆这种关系。

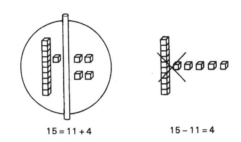

15 = 11 + 4　　　　　15 - 11 = 4

同样地，要设计一些作业给孩子们做。孩子们完成后，要大声念出几道算式，并根据它们编一些故事。在这一节的作业里，要引导孩子们做一些新的心算。在这个阶段，让孩子们做一次"数字蜘蛛"游戏，其结果会如下图所示。（如果孩子们要继续玩这个游戏，我们随时都可以给"蜘蛛"添加几条"腿"。）

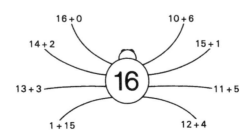

第五节　把 3 个数相加

要算出 7+6+4 是几，我们倾向于用下面这样的方法进行计算：

$$7+6+4=13+4=17$$

你也可能会想到另一种计算方法：先计算 6+4，再加 7。既然两种方法都能得到正确的结果，我们为什么要关注这一点呢？因为，预先知道这两种算法的结果相同是非常有用的。检验（7+6）+4=7+（6+4）是否正确，并不需要很长时间（括号表示这个部分要先运算），但是请想象一下，在你并不知道（538+997）+3-538+（997+3）的时候计算 538+997+3 会怎样。在这里，我们所讲的这种性质就是"加法结合律"。要告诉孩子们，无论他们选择哪种方法来计算几个数相加，其结果都是一样的。实际上，按两种不同的顺序来加一组数，可以对计算的结果进行检验。可以让孩子们用两种不同的方法做下面"把 3 个数相加"的练习，然后让他们选择自己的方法做后面的练习。

用两种方法来加

5+6+4=11+4=15	5+6+4=5+10=15
3+7+6=	3+7+6=
6+5+5=	6+5+5=

找出做得更快的方法

4+3+7=	4+6+2=
5+2+8=	7+8+2=

第六节 20 以内的进退位计算

接下来的内容比本章其他部分要难得多，可能把它们放在第十章后面更合适，不过因为本节内容涉及十几的数，所以就放在这一章了。

· · · 进位加法 · · ·

这里的进位加法是指两个小于 10 的数相加，它们的和超过 10。成人有好几种方法来计算 8+6：有的人可能记住了这个加法组合的结果；有的人则会说"8 加 2 是 10，还要再加 4，所以结果是 14"；还有少数人会从 8 开始往后数 6，数到 14。毫无疑问，第一种方法是最快的，第三种方法最慢，但是先把最快的方法教给孩子们，并不一定对他们最有益处。第二种方法值得推荐，因为它体现了我们基于十进制的数字系统。（如果计算 48 加 6，你可能会先把 48 加到 50，然后再加 4，对不对？）尽管这种方法在其他国家被广泛使用，但是在英国传统上却并不常用。不过它有一个优势，即孩子们不需要记住十几的数的加法组合，也能学会加法。

如果教孩子们十几的数的加法组合，我们会发现，孩子们自上而下地学习会更加容易。19 没有进位加法组合，18 也只有一个。下面是孩子们需要学习的加法组合：

18=9+9	17=9+8	16=9+7	15=9+6
11=9+2	17=8+9	16=8+8	15=8+7
11=8+3	12=9+3	16=7+9	15=7+8
11=7+4	12=8+4	13=9+4	15=6+9
11=6+5	12=7+5	13=8+5	14=9+5
11=5+6	12=6+6	13=7+6	14=8+6
11=4+7	12=5+7	13=6+7	14=7+7
11=3+8	12=4+8	13=5+8	14=6+8
11=2+9	12=3+9	13=4+9	14=5+9

· · · 退位减法 · · ·

许多成人通过做"15=8+ □"的方式来做 15-8 这样的减法。有些儿童用书建议孩子们从 15 开始倒数 8 个数来解答这道题。这太麻烦了，而且要是遇到像 72-63 这样的减法，这种方法就很不实用了。

提醒孩子们注意拆分和减法之间的联系，能够帮助他们为掌握退位减法做好准备。可以让他们做这样的练习：

$$15=8+□ \quad 所以 15-8=□$$
$$16=7+□ \quad 所以 16-7=□$$

孩子们在做"15=8+ □"这样的题时，可能会依靠记忆中的加法组合，或者是通过心算把 8 加到 15："8 加 2 是 10，10 再加 5 是 15，所以应该加 7。"

孩子们掌握数和运算是一个渐进的过程，本章所讲的内容需要进行很长一段时间，其间可以穿插关于图形和测量方面的内容。例如，第六、七章所讲的使用实物单位来测量的活动，可以扩展到十几的数。不过，7 岁的孩子应该可以自信地回答出本章所讨论的大部分题，也应该可以看出下面这些算式是对同一种数学关系的不同表达方式。

$$9+8=17 \quad 17=9+8 \quad 17-9=8$$
$$8+9=17 \quad 17=8+9 \quad 17-8=9$$

做本章活动所需要的器材

· 一些用来计数的小物件。

· 大小一致的、可以拼插到一起的正方体。

· 可以装 10 颗棋子的塑料袋和能把它扎紧的橡皮筋。

· 小棒和能把它们扎成 10 根一捆的橡皮筋。

· 写有 1 到 19 的数字纸条。

· 写有 1 到 9 的数字卡片，以及一张写有 10 的大卡片。

· 玩数字游戏用的纸牌。

· 复印的作业纸。

给读者的建议

1. 加法组合　测试几个 6 岁的孩子，看看他们是否知道 7 的加法组合。（你可以和他们玩"猜猜有多少"的游戏，如果他们不知道 7 的加法组合，那么看看他们是怎么计算 4+3 的。）

2. 数词　测试几个 6 岁的孩子，看看他们对 11 到 19 的理解如何。他们会把这些数字看成"10 加 1""10 加 2"……吗？还是仅仅把它们看作按照"再多 1 个"的规则来计数的延伸呢？

3. 加法　测试几个 6 岁和 7 岁的孩子，看看他们是如何计算 11 到 19 的加法和进位加法的（可以让两组孩子都玩"数字蜘蛛"的游戏，用 16 来做蜘蛛的"身体"）。然后比较两个年龄组的孩子。

4. 联系　测试几个 6 岁和 7 岁的孩子，看看他们把拆分和减法联系起来的能力如何。问他们这样的问题："8 加 6 是几？""14 和 8 哪个多？多多少？""14 去掉 8 是多少？"看看他们是如何计算出结果的。

第十章 | 走向乘除法

我们可以说 156 包含 12 个 13，如果我们使用符号，可以写成 156=12×13。在旧书中，我们还经常看到是这样写的：156÷13=12。

——德·摩根教授，1830 年

什么是乘法？如果有人让你把一些物体排列起来表示你所理解的 3×4，你可能会排列成下面这样的：

这样排列，说明你心里想的是 3 组物体，每组 4 个。想知道你摆出了多少个物体，我们必须把 4 个加上 4 个再加上 4 个。在没有乘法表的情况下，乘法就是把几个相等的数加起来。

第一节　乘法初探

在进行乘法运算的时候，要让孩子们想象两个数来表达不同的"量"：一个数代表的是"组数"，另一个数代表的是"每组中物体的数量"。

在通过加法得出物体的总数之前，建议让孩子们做一些练习来认识包含相同数量物体的"组"，然后数出：（1）组的数量；（2）每组中物体的数量。下面是一些例子：

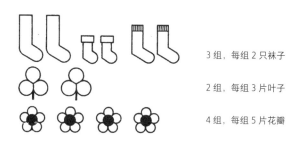

3 组，每组 2 只袜子

2 组，每组 3 片叶子

4 组，每组 5 片花瓣

孩子们做了这些数出组的数量和每组中物体的数量的练习后，就可以进行一些摆物体的操作了。例如，摆出 4 组纽扣，每组 2 颗；或者摆出 3 组糖，每组 5 颗。每次都要弄清楚，纽扣（或糖）的总数是多少。接着做一些这样的心算："如果有两辆汽车，一共有几个轮子呢？"（这涉及"4 加 4"的运算，孩子们应该知道这种加法组合。）"如果你买了 3 张纽扣卡，每张上都有 5 颗，你一共有几颗纽扣呢？"（这涉及"5 加 5 加 5"的运算，孩子们可以推算出 5 加 5 是 10，10 加 5 是 15。）

这种心算对一些孩子来说很容易，但对另一些孩子来说就很困难。

在这之后，还可以用这些实操体验来帮助孩子们完成书面作业。我们如何用符号来记录"3组物体，每组4个，一共是12个物体"呢？有两种常用的记录方式：

$$3 \times 4 = 12$$

$$和\ 3（4）=12$$

这两种记录方式都有用，但是一开始我们只需要选择其中一种。我们选择"3×4=12"这种记录方式。这道算式通常有四种读法：

（1）每组是4，3组是12；

（2）4乘3是12；

（3）三四是十二；

（4）3乘4是12。

第一种读法，从严格意义上来说并不正确，因为这里并不是指"3组"是12，而是3组里面的物体的个数是12。

第二种读法的意思是"3重复4次就是12"，也就相当于"4组，每组3个，一共是12个"。尽管这从数学意义上也是说得通的，但有必要说明的是，这对于一个已经学会先说出组数，再说出每组数量的孩子来说，还是相当复杂的，他不得不从右往左来理解"3×4"。

第三种读法比较容易读和理解，但是这里没有用什么词来读"×"这个符号。即使是7岁的孩子，也可能忽略这个没有被读出来的符号。

第四种读法也很容易读和理解，它用到了表示"×"的词语，所以我们选择第四种读法①。

————————————

① 在我国的教学中，一般把"3×4=12"读作"3乘4等于12"。

可以给孩子们安排下面这样的书面作业，让他们自己抄下来，照样子继续往下做。允许他们使用结构化教具或者画图，选择自己喜欢的方式来完成。

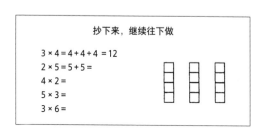

完成这些练习后，孩子们当然还是要大声读出这些算式，并且根据其中一个算式编一个故事。

第二节 "2"的乘法表

2个2个地计数很容易，我们可以把物体两两排列，把计数结果列成下表，作为我们的第一个乘法表，即"2"的乘法表。

$$1 \times 2 = 2$$
$$2 \times 2 = 4$$
$$3 \times 2 = 6$$
$$4 \times 2 = 8$$
$$5 \times 2 = 10$$

我们可以先写到 5×2，然后让孩子们一起大声朗读（"一二得二，二二得四"[①]，等等）。我们可以让孩子们使用乘法表来解决问题，诸如"4个孩子穿着靴子上学，今天衣帽间里有几双靴子？"或者"如果一天刷2次牙，那么你3天里刷了几次牙？"

然后，我们可以把乘法表扩展到 9×2，并把它挂到墙上，让孩子们朗读和使用它。在某些阶段，我们可以告诉孩子们表内右边的数是"偶数"。让孩子们把为学习十几的数而制作的数字纸条拿出来，给所有的偶数都涂上颜色，这样呈现出来的规律会让他们感到高兴。

1	2	3	4	5	6	7	8	9	10
11	12	13	14	15	16	17	18	19	

---

① 原文译成中文是"1乘2是2，2乘2是4"，这里改成我国孩子熟悉的口诀。

我们可以向孩子们展示 2 便士的硬币，告诉他们 1 枚 2 便士的硬币和 2 枚 1 便士的硬币的购买力是一样的。孩子们习惯于根据硬币的数量来判断钱的价值。除非他们有很丰富的购物经验，否则他们需要使用 2 便士的硬币（塑料的或真的）来玩购物游戏。最多给他们 9 枚 2 便士的硬币，并问他们要花掉几便士（如果有需要，可以让他们参考 "2" 的乘法表）。还可以让他们玩 "10 便士游戏"，这是一个用圆盘、硬币和骰子来玩的简单游戏。圆盘像一个钟面，有 12 格。孩子们轮流掷骰子，掷出几点，就拿着自己的棋子顺时针往前走几格。如果棋子走到写有 "1 便士" 的格子里，就从中间的硬币盒子里取出 1 便士；如果走到 "2 便士" 的格子里，就取出 2 便士……先得到 10 便士的孩子获胜。

第三节 等量分组

假设有这样一些情况：你想知道 12 个物体按 4 个一组来分，可以分成几组；你可能有 12 便士，想买一些糖果，每颗 4 便士；你可能有 12 根一样长的小棒，想用它们来做一些正方形。在这些情况中，你都需要把 12 个物体按 4 个一组来分组，以解决问题。

你做的这项活动，在逻辑上可以用符号记录为"12=3×4"，我们把这种拆分称为"等量分组"。如果孩子们以前没有遇到过"等量"这个词，那么可以告诉他们就是"数量一样"的意思。（他们以后就会知道，这个词还可以用于长度、容积、重量和面积。）

我们可以给孩子们一定数量的物体，例如 12 个，然后让他们想办法把这些物体按 2 个一组、3 个一组等来分组。他们可能会用下面这样的图画和符号来记录他们的发现。

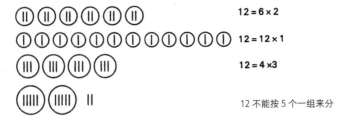

12 = 6 × 2

12 = 12 × 1

12 = 4 × 3

12 不能按 5 个一组来分

你会意识到这种活动就是除法，但是在这个阶段，"等量分组"这个词更适合孩子们，这能让他们把注意力集中在新学的符号"×"上面。通过用不同的方法把 12 进行拆分，孩子们会发现 12＝6×2，12＝2×6，12＝3×4，12＝4×3。他们很快就会发现乘法是可以交换的，这个发现可以在现阶段或以后（见第 187 页）通过图画来巩固。

第四节 等量分配

这是另一种拆分的形式。如果你想把一些饼干公平地分给两个人，你知道要把它们分成数量相等的两份，但是你可能不知道每一份应该分多少。如果不知道，你就会像玩纸牌游戏一样把饼干"分发"出去："给你一块，给我一块，再给你一块，再给我一块……"公平地分配是孩子们常做的一项活动，因此老师们通常会让他们在做等量分组活动之前先做等量分配活动，并用算式记录下来。先用哪种方式分配并不重要，但我们要记住，等量分组是孩子们理解 20、30、40 等数的前提（见第 131~132 页）；等量分配会引出分数的概念，我们在本章就会讲到。孩子们应该使用真实的物休做等量分配活动，我们可以提供一些盒子来让他们装物体。他们可以通过下面这样的图画和符号来记录活动结果。

把 6 颗糖平均分给 3 个孩子。

$6 = 3 \times 2$

每个孩子得到□颗糖。

把 16 张纸牌平均发给 4 个孩子。

$16 = 4 \times 4$

每个孩子得到□张纸牌。

除法 你会发现，等量分组和等量分配都是除法。不过，教孩子们用除法符号"÷"来做记录并没有什么好处。在现在这个阶段，只用"×"来表示，会有助于他们理解乘法和除法之间的联系。

对于自信能掌握等量分组和等量分配两种活动的孩子，可以让他们做下面这样的"混合"练习题：

$$8=4 \times \square \qquad 10=\square \times 5$$
$$12=\square \times 2 \qquad 16=2 \times \square$$

这些题会让他们保持思考。要解答"$8=4 \times \square$"，他们需要把 8 个物体平均分给 4 个人。但是要解答"$12=\square \times 2$"，他们就要看看 12 个物体按 2 个一组来分能分成几个组。

第五节　二分之一和四分之一

等量分配活动提供了使用"二分之一"和"四分之一"这样的词的绝佳机会。当我们把饼干平均分给 2 个人的时候，每个人得到所有饼干的二分之一。当我们把饼干平均分给 4 个人的时候，每个人得到所有饼干的四分之一。孩子们经常听到"二分之一"和"四分之一"这两个词，如果能教会他们正确地使用这两个词，将是很有好处的。但是在现阶段，我不建议教孩子们"$\frac{1}{2}$"或"$\frac{1}{4}$"这种新奇的符号。如果孩子们想用分数的概念来记录他们的活动，我建议教他们写成"8 的二分之一是 4"或"8 的四分之一是 2"这样的形式。

第六节 有余数的等量分组

那些探索过把 12 个物体按 5 个一组来分的孩子会发现，还剩下 2 个。我们一开始不需要让他们记录这个发现，但是当他们有很多等量分组的体验时，就可以让他们记成"12=2×5+2"。这种记法他们完全能接受。如果你按照"2""×""5""+""2"的顺序去按计算器，上面就会显示"12"这个数字。在这个阶段，我们也可以考虑用符号"2（5）+2"来表示（读作"2 个 5 加 2"）。

我们在第五章里提到，年幼的孩子对"（3，2）$\xrightarrow{\text{加}}$ 5"这样的记法会感到迷惑，不清楚为什么要加括号，因为读它的时候并没有读出括号来（见第 49 页）。不过向孩子们说明"2（5）"中括号的意义，会比说明"（3，2）"要容易。当有了把物体按 5 个一组来分的体验时，他们就不会把括号看成不相干的符号，而会把它们看成分组，或是把分好的组"捆在一起"，就像他们实际操作的那样。然而，对于手部精细动作还不够灵活的孩子来说，画出括号还是会有些困难。

把 12 看成"5 个一组的 2 组加 2"，把 15 看成"6 个一组的 2 组加 3"，有助于孩子们以后理解"23"这样的数（10 个一组的 2 组加 3）。有了大量的等量分组和等量分配的体验后，孩子们就可以玩一种新的"数字蜘蛛"游戏，测试一下自己的心算能力。他们要说出一些包含"乘"的数字组合，把它们填写到"蜘蛛"的"腿"上。可能的组合有：

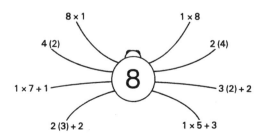

做本章活动所需要的器材

· 小棒、拼插正方体、棋子、橡皮筋、塑料袋。

· 把分好组的物体捆起来的绳圈。

· 做等量分配活动时用来装物体的盒子。

· 1 便士和 2 便士的硬币。

· 玩"10 便士游戏"用的圆盘、硬币和骰子。

· 做等量分配活动用的纸牌。

给读者的建议

1. 乘法初探　给孩子们设计一种游戏，让他们在记分时要用到一些简单的乘法（例如套环游戏，套中一个得 1 分，套中另一个得 2 分）。试着让孩子们玩这个游戏。

2. 乘法的符号和语言　找几个 6 岁和 7 岁的孩子，了解一下他们是用什么语言和符号来表达乘法的（你可以先摆出 3 组物体，每组 2 个，然后让他们描述自己所看到的，接着再问他们如何用符号把自己刚才所说的记录下来）。

3. 偶数　测试这几个 6 岁和 7 岁的孩子，看看他们是否认识偶数。他们是否知道 6 是偶数，以及为什么是偶数？他们知道 7 是奇数吗？

4. 等量分组　让这几个孩子告诉你用 12 根小棒可以摆出几个正方形，他们是怎么知道的（准备好小棒，但不要强迫孩子们使用它们）。

注意孩子们使用的语言，然后让他们把结果用数学符号表示出来。

5. 等量分配　让这几个孩子告诉你怎么把 12 颗糖果平均分给

4 个人（准备好糖果，但不要强迫孩子们使用它们）。

注意孩子们使用的语言，然后让他们把结果用数学符号表示出来。

6. 除法 问那些轻松地完成第 5 条建议中的问题的孩子，这些糖果的四分之一是多少。如果他们不知道，试着教他们。

第十一章 | 十位和个位

整十数①是指能被 10 整除的数，如 10、20、30 等。混合数是指超过 10 但不能被 10 整除而有余数的数，如 11、12、13 等。

——《特雷维索算术》，1478 年

在第九章里（见第 107~108 页），我们知道了该如何向孩子们介绍 11 到 19 的数。我建议在这个阶段，不要直接告诉他们这些数就是 1 个 10 加几个 1，而应该把它们和 10 紧密联系起来。如果告诉孩子们 16 就是 10 加 6，那么他们就能形成一种认识，知道 16 里面为什么有一个"6"，这是进一步理解位值的一个步骤，而位值是记数法的基础（我们将在本章第三节讨论位值）。

在第十章里（见第 117~119 页），我们看到了如何通过孩子们对"2个一组""3 个一组"等的体验来引导他们学习乘法。知道"包含相同数量的物体的多个组"这个概念，是理解十位和个位这种记数法的另一个重要步骤。

---

① 这里的"整十数"为意译，其原文"article"无此含义。

第一节　10 个一组

我们可以用"10 个一组"的方式来向孩子们介绍 20、30、40。可以使用第九章所讲的那种结构化教具（见第 106 页），让他们有适当的实物体验（"体验"）。给每个孩子一套这样的教具，让他们按 10 个一组分成 4 组。让孩子们从中取出 2 组，对这 2 组里的所有物体进行计数。当孩子们都确认这里一共有 20 个物体时，告诉他们 20 的意思就是 10 个一组的 2 组（"语言"）。

我们把孩子们用教具摆出来的各种"20"画出来（"图画"），如下图：

我们可以继续介绍 30 是 10 个一组的 3 组，40 是 10 个一组的 4 组（使用语言但不使用符号）。孩子们可以看出图片中的物体是 10 个一组的，成堆的练习册是 10 本一组叠放着的，几个孩子都伸出了 10 根手指头，等等。孩子们能把图画或实物按 10 个一组来计数："10、20、30、40。"他们还可以做一些心算，例如：20 加 10 是多少？哪个数比 30 多 10？我有 40 本书，拿走 10 本，还剩下几本？我们还可以给孩子们讲一些关于 20、30 或 40 的儿歌或故事，例如："4 月、6 月、9 月和 11 月，它们都是 30 天。"（在这个阶段，我们不需要进一步讨论这些儿歌和故事。）

孩子们可以玩"得 40"的游戏。这个游戏适合 2~3 名孩子一起玩。我们需要准备一颗骰子和一个盒子，盒子里装一些零散的小棒和几捆 10 根一捆的小棒。孩子们轮流掷骰子，并从盒子里取出和骰子上数字对应的若干小棒。当一个孩子攒到 10 根小棒时，他就可以把它们换成那种 10 根一捆的。首先得到 40 根小棒的孩子获胜。

这样口头介绍完后，我们在下一节课就可以把数字 20、30、40和 50 介绍给孩子们了。还可以使用原来那套结构化教具，但每个孩子都要换一种物体。在写出"20=2×10""30=3×10"等算式时，要再次说明"20 就是 10 个一组的 2 组""30 就是 10 个一组的 3 组"等。再让孩子们做下面这样的作业，练习读写新学的数字。

$$10+10= \qquad 3×10= \qquad 20=10+\square$$
$$20+10= \qquad 4×10= \qquad 30=20+\square$$
$$10+30= \qquad 20=2×\square \qquad 20-10=$$
$$20+30= \qquad 50=\square×10 \qquad 50-20=$$

孩子们会很高兴地发现自己可以轻松地做这些"大"数的题。我们要鼓励他们根据自己做过的算式编一些故事。

第二节　二十几

对于孩子们来说，要理解这套计数系统需要很长的时间。有一天，6 岁的海伦跑来问我"20 加 4 是多少"，我教她从 20 之后数 4 个数，"21、22、23、24"，并告诉她 24 的意思就是"20 加 4"。她看起来很满意这个答案。但当我问她"20 加 7 是多少"时，她继续通过从 20 之后数 7 个数来找出答案，却不能断定 27 的意思就是"20 加 7"。孩子们需要大量体验摆弄与分析 10 个一组的物体和单个物体的组成，才能逐渐认识到，20 到 99 之间的数词本身就告诉我们：它们是由几个 10 加几个 1 构成的。

向孩子们介绍二十几，要让他们做一些体验性活动（"体验"）。给每个孩子一套结构化教具，让他们 10 个一组地摆出 2 组，然后旁边再多放 1 个物体。（棋子放在袋子旁边，一会儿可以把它们装进去。小棒是 10 根一堆，但不要捆起来。）让孩子们一个一个地数拿出来的物体，数出总数是 21。然后把小棒 10 根一捆地捆好，并换一种方式计数："10、20、21。"（这是"语言"阶段的学习。）这时，我们告诉孩子们 21 的意思就是"20 加 1"，再把他们用教具摆出的各种各样的"21"画出来（"图画"），如下图：

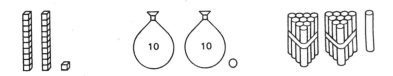

我们可以重复这种活动来介绍 22 和 23。介绍到 24 的时候，前

20 个物体就不用一个一个地数了，而是按 10 个一组直接数成"10、20"。介绍到 26 的时候，就可以不用再计数了。可以画出图来，让孩子们直接看出图中有 2 组 10 个一组的物体和若干个（9 个以内）单个的物体；可以把练习册 10 本一堆地摆成 2 堆，再摆几本在旁边，让孩子们说说一共有多少本（最多 29 本）；可以让三个孩子一起伸出手指来表示 20~29 之间的某个数。我们也可以让孩子们做一些得数是二十几的心算：20 加 6 是多少？ 6 加 20 是多少？ 21 加 1 是多少？ 23 加 1 是多少？ 28 和 25，哪个多？ 我们还可以回忆上幼儿园时学过的儿歌《六便士之歌》，里面唱道"4 加 20 只黑鸟"，所以，派里烤了多少只黑鸟呢[1] ？

这样口头介绍完后，我们在下一节课就可以把 21 到 29 的数字介绍给孩子们了。还可以使用原来那套结构化教具，但每个孩子都要换一种物体。我们可以借鉴前面介绍十几的方式（见第 107 页），使用一套写有 1 到 9 的数字卡片，以及一张大的写有 20 的数字卡片。

让孩子们每说一个数，就把合适的数字卡片盖到"20"这张卡片的"0"上面，得到对应的二十几。之后，可以让孩子们在方格纸上写下 1 到 29，自己做一个数字阵列，如下一页图片所示：

---

①《六便士之歌》是鹅妈妈童谣中的一首，其中有一句是"24 只黑鸟烤在派中"，但原文不是"twenty-four（24）"，而是"four and twenty（4 加 20）"，所以作者这里才会这么问。

1	2	3	4	5	6	7	8	9	10
11	12	13	14	15	16	17	18	19	20
21	22	23	24	25	26	27	28	29	

在这个数字阵列的最后一格应该填写什么数字呢？孩子们会想到下一个数字可能是 30，因为 30 的意思就是 10 个一组的 3 组。数字阵列所体现出来的规律能让孩子们感到高兴。当他们心算的时候，就可以参考自己的数字阵列：10 加 2 是几？20 加 2 呢？指出 8、18、28 在哪里。19 和 21，哪个多？从 "2、4、6、8" 开始，2 个 2 个地数。在这个数字阵列中有多少偶数？它们体现出规律了吗？翻到一本书的第 28 页（可以参考数字阵列），后一页是第几页？前一页是第几页？

我们还可以用类似介绍二十几的方式来介绍三十几、四十几，不过此时对于大多数孩子来说，这个进程可以加快。

第三节 位 值

到现在为止，我们还没有向孩子们解释什么是"位值"。22 这个数中有两个数字，它们在不同的位置上，代表不同的数值。右边的数字"2"表示的数值是"2"，左边的数字"2"表示的数值则是"2个10"。我们的数字系统是建立在"10"的基础上的。我们只需要10 个数字（0 到 9）就可以表示任何数，无论这个数多小或多大。我们说，我们的数字系统以"10"为基础的唯一原因，是我们有 10 根手指（"手指"的另一个单词就是"digit"①）。这个数字系统在中世纪从印度经过阿拉伯人传到欧洲，当时要让习惯使用罗马数字的欧洲人使用这些"异教徒"的符号面临很大的阻力。但最终，由于这些数字符号使用起来特别方便，它们备受商人和银行家的青睐。罗马数字没有位值系统，使用这些数字符号来计算是非常困难的。（试试看把 XXIX 和 XLIV 相加就知道了。）

我们可以通过下面这些练习来帮助孩子们理解位值概念。

1. 给孩子们一组物体，让他们尽可能按 10 个一组来排列，然后数出物体的数量。这项活动类似于有余数的等量分组（见第 127 页），孩子们可以用图画和符号的形式把它记录下来。

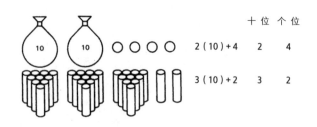

---

① "手指"的英文单词是"finger"，但是表示数字的单词"digit"也有"手指"的含义。

只要有可能，我们就要利用各种机会让孩子们数书本、铅笔或画笔，把它们都排列成 10 个一组，然后计数："10、20、30、31、32……"我认识的一位老师就曾经故意制造一起"意外事件"——不小心打翻了一盒纽扣，然后让孩子们捡起来，10 个 10 个地数，看看纽扣的数量对不对。

2. 向孩子们介绍 10 便士的硬币。用这些 10 便士和 1 便士的硬币来做购物游戏，购买的"商品"价格从 10 便士到 50 便士不等。还可以让孩子们做一些求一堆硬币总额的练习（如下图）：

孩子们可以使用一颗骰子、一些 10 便士和 1 便士的硬币玩"50便士游戏"。这个游戏类似于第 121 页所讲的"10 便士游戏"。在游戏的任何阶段，孩子们都可以用 10 枚 1 便士的硬币换 1 枚 10 便士的硬币。第一个得到 5 枚 10 便士的硬币的孩子获胜。

3. 让孩子们把他们的"30 数字阵列"扩大到 50。

1	2	3	4	5	6	7	8	9	10
11	12	13	14	15	16	17	18	19	20
21	22	23	24	25	26	27	28	29	30
31	32	33	34	35	36	37	38	39	40
41	42	43	44	45	46	47	48	49	50

他们可以在新的"50 数字阵列"中玩掷骰子的游戏，根据掷出的点数来移动棋子。还可以给一些格子涂上颜色作为"奖励格"（例如，除了最后一行外，其他每一行都给两个格子涂色），如果棋子走到这些奖励格，就可以再前进 10 格。孩子们很快就会发现，可以通过一个"捷径"来移动 10 个方格，即把棋子向下移动一个方格到下一行上。孩子们还可以在心算的时候参考这个"50 数字阵列"，例如：10 加 4 是多少？ 20 加 4 呢？ 30 加 4 呢？ 10+10 是多少？ 20+10 呢？ 30+10 呢？ 13+10 是多少？ 23+10 呢？ 33+10 呢？ 29 和 32，哪个多？翻到一本书的第 36 页（如果需要，可以参考数字阵列），后一页是第几页，前一页是第几页？比 12 多 2 的是什么数？比 22 多 2 的呢？比 32 多 2 的呢？ 6 加几得 10？ 16 加几得 20？ 26 加几得 30？沿着数字阵列，一行一行，2 个 2 个地数，或者 5 个 5 个地数。这样孩子们就会看到一个有趣的规律，每数到第 5 个时，他们会很乐意把这个格子涂上颜色来凸显这种规律。

有能力的孩子可以挑战更难的加法，例如：6+7（先加 4 得 10，再加 3 得 13），16+7（先加 4 得 20，再加 3 得 23），26+7，36+7，等等。

4. 让孩子们玩"猜数"的游戏。他们要先猜出"神秘数"十位上的数字，再猜出其个位上的数字。在猜数的过程中可以参考"50数字阵列"。下面是一个例子：

"我的神秘数比 30 大。"

"它比 40 大吗？"

"不是。"

"是 40 吗？"

"不是。"（这样就确定了十位上的数字是"3"。）

"比 35 大吗？"

"是的。"

"比 38 大吗？"

"是的。"

这样就猜出了神秘数。

5. 让孩子们制作当月的月历，然后问他们：这个月哪几天是星期二？这些日子有什么特殊之处吗？这个月的 7 号、14 号、21 号和 28 号分别是星期几？为什么这些日子都在一周的同一天呢？

6. 让孩子们做书面练习，巩固他们的心算能力。这些练习题要有的按规律排列，有的不按规律排列。下面是一些例子，可以让孩子们抄下来，参考他们的数字阵列来完成这些练习（他们要多做一些这样的练习）。

4+3=	6+10=	6+11=	10-4=
14+3=	12+10=	16+11=	20-4=
24+3=	26+10=	26+11=	30-4=
34+3=	33+10=	36+11=	40-4=
45+3=	18+10=	22+11=	50-5=

7. 最后，我们可以玩"数字蜘蛛"的游戏，用 20~50 之间的数来做蜘蛛的"身体"，例如：

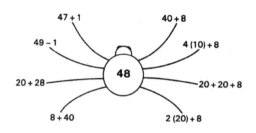

当孩子们通过上面这样的活动，熟悉了 50 以内的数和数字后，我们就可以用类似的活动，把他们对数和数字的认知范围扩大到 99 以内。孩子们还可以将这些新学到的数和数字应用于测量，具体可以参看第十三章。

做本章活动所需要的器材

· 拼插正方体。

· 棋子、写有"10"的塑料袋、橡皮筋。

· 小棒和橡皮筋。

· 一些写有数字1到9的数字卡片和几张大的写有10、20、30 的数字卡片。

· 10便士和1便士的硬币。

· 大张的"50数字阵列",可以在课堂上展示用。

· 月历。

· 用于玩"得40"和"50便士游戏"的骰子。

· 用于玩"50便士游戏"的圆盘。

给读者的建议

1. 想象你是一个正在学习数字系统和记数法的孩子,假设我们换一种方式来计数:1、2、3、4、X、X-1、X-2、X-3、X-4、2X、2X-1、2X-2、2X-3、2X-4、3X、3X-1、3X-2、3X-3、3X-4,等等。可以用数字把这些奇怪的数写出来,组成下面这样的数字阵列:

1	2	3	4	10(X)
11	12	13	14	20(2X)
21	22	23	24	30(3X)
31	32	33	34	

大声念出这个数字阵列,确认一下,你的每只手都有"X"根

手指，两只手共有"2X"根手指。然后回答：一只苍蝇有几条腿？一只章鱼有几条腕？13（X-3）是偶数吗？[1] 把上面阵列中的偶数涂上颜色，然后大声读出来。

给自己设计几道加法题，例如 X+4、21+3、14+4、23+3 等。注意此时你脑袋里想的是什么。哪些题容易做，哪些题很难？数字阵列能帮到你吗？你觉得这个时候你的心理活动是不是就像孩子们学习十位和个位的时候一样？[2]

2. 用罗马数字制作一个"50 数字阵列"，观察它们哪些地方有规律，哪些地方没有规律。用阿拉伯数字和罗马数字各做一个"9"的乘法表，看看哪一种体现出的规律多。

3. 问几个 6 岁或 7 岁的孩子：（1）20 加 4 是多少？（2）30 加 6 是多少？看看他们是否需要通过数数来得到答案，或者他们是否明白 24 的意思就是 20 加 4。

4. 给这几个 6 岁或 7 岁的孩子看几枚 10 便士的硬币，问他们一共有多少钱。再给他们看一些混合着 10 便士和 1 便士的硬币，问他们同样的问题。记录他们的反应。

5. 在第十章里（见第 120 页），我们通过用实物来"发现"，编出了"2"的乘法表，那为什么我们不用这样的方法来编出"10"的乘法表呢？

---

[1] 根据十进制记数法，一只苍蝇有 6 条腿，一只章鱼有 8 条腕。对照文中所说的新的记数法，答案分别为 11 和 13，而 13（X-3）在此记数法中为偶数。

[2] 作者假设了一种新的记数法，目的是让成人体会到，虽然十进制对于成人来说很容易，但对于孩子们来说，这是一种全新的规则概念，要掌握它是很困难的。

第十二章 | 图形进阶

《新数学》——它是如此简单，连一个孩子都能学会。

——汤姆·莱勒[1]

在第六章里，我们讲了一些活动，帮助孩子们认识一些常见的平面图形和立体图形，以及了解它们的名称。在这一章里，我们将通过一些活动让孩子们发现这些熟悉的图形所具有的某些属性。

---

[1] 汤姆·莱勒是美国数学家和讽刺音乐家。《新数学》是他创作的一首歌曲，用来讽刺美国当时展开的新数学运动。这句歌词含反讽之意，实际上是说当时的数学过于艰深抽象了。

第一节 直 角

什么是直角？"直"的意思就是"垂直的"。当一条水平线和一条垂直线相交时，就形成一个直角。就像我们在皮亚杰的研究中所看到的那样（见第 88 页），孩子们在完全理解"水平"和"垂直"这两个概念之前，就已经具有对"直角"这个概念的认识（下面这幅画是一个孩子画的，烟囱和屋顶形成直角，但画烟囱的线条本身并不是水平的或垂直的）。

当我们向孩子们介绍"直角"一词的时候，并不需要以"水平"和"垂直"这两个词为基础。直角在我们的周围无处不在，因为它具有一种非常有用的特性：当两个直角合并到一起时，就形成一条直线。把一张纸折叠起来，折线是一条直线，沿着折线再次对折，就形成一个直角。当你把纸打开后，就会发现：（1）2 个直角合并在一起，形成一条直线；（2）4 个直角围绕着一个点填满了纸面。

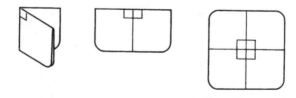

通过上面的活动，孩子们可以自己做出一个直角来。每个孩子都可以把自己做的直角和旁边孩子做的直角叠起来比较，看看它们是不是一样（两张纸的大小、形状不需要一样，但是形成的直角是相同的）。他们还可以拿着新做的直角去和其他角（如长方体、棱柱、正方形、长方形、窗户、桌子和书本的角）比较，看看它们是不是直角。把折叠的纸打开一层，或者观察身边两个相邻的直角（如墙上两块相邻的砖），孩子们会发现，相邻的直角形成一条直线。把折叠的纸完全打开，或者观察窗户上 4 块相邻的玻璃、地板上 4 块相邻的瓷砖，孩子们会发现，4 个直角围绕着一个点铺满了面。

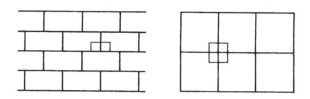

孩子们可以用他们折成的直角画出各种朝向的直角，也可以画出所有角都是直角的图形。他们会发现自己画了一个长方形。"长方形"的英文单词"rectangle"源自拉丁语"rectus（直的或直立的）"和"angulus（角）"。

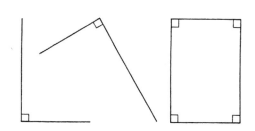

第二节　平行线、垂直线和水平线

· · · 平行线 · · ·

正如我们在第八章里（见第88页）看到的，孩子们的画已经说明，早在成人教给他们"平行"这个词之前，他们就已经具有"平行"的概念。两条直线如果一直保持着同样的距离，那么它们就是平行的。在我们周围能看到很多平行线，例如书写纸上的横线、砖墙上的线、马路上的人行横道线和铁轨线。我们可以让孩子们指出立体图形或平面图形上平行的边，找出房间里平行的线。他们也可以沿着直尺的上下两条边画出平行线。如果他们调整尺子，在另一个方向上画出两条平行线，和原来的一对平行线交叉，就画出了一个菱形。

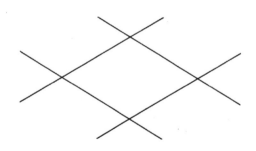

· · · 垂直线 · · ·

垂直线就是直立的线。当直立站着，我们的身体就近似于一条垂直线。当我们摆放一个玩具士兵或游戏柱子时，如果它们不接近于一条垂直线的样子，就很容易倒下。我们可以向孩子们展示一根铅垂线是如何一直保持垂直悬挂的（把一块橡皮泥粘在线的末端，就做成了一条铅垂线）。孩子们可以用铅垂线来检验墙壁、窗户的边缘是否垂直。可以让他们去寻找身边其他的垂直线，并注意到所有的垂直线都是相互平行的。

· · · 水平线 · · ·

水平线是和垂直线形成直角的线。我们可以让孩子们在房间里寻找水平线，如窗户、桌子的边缘，或是地板上的线，并注意到水平线相互之间并不一定都是平行的。可以让孩子们观察水平仪，看里面的气泡是如何显示它是不是水平的。也可以让他们观察透明罐子里的水面，他们会发现，无论罐子是否倾斜，水面始终是水平的（严格来说，水面所形成的是水平面而不是一条线，有能力的孩子会很有兴趣弄清楚水平面和水平线的区别）。

第三节　轴对称

把一张纸对折后，剪掉一块包含一部分折线的图形，这样剪下来的图形就是轴对称的。折线把这个图形一分为二，分成两个全等的部分。这条折线就成为这个图形的对称轴。

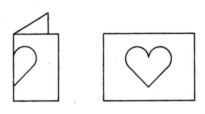

孩子们在很小的时候就已经有"对称"的概念，他们画的图非常清楚地体现了这一点。举个例子，孩子们在画图时，用来表示人的特征或四肢的"部件"差别很大，但是他们画的人都是对称的。

上面所讲的折叠和剪纸的活动可以帮助孩子们了解"对称"和"对称轴"，剪下来的图形和剩下的部分都是对称的。还可以通过在折线处放一面镜子（镜子和纸面形成直角）来突显对称性，镜内、镜外的图形可以合成一个完整的图形。

可以把孩子们剪下的图形和剩下的部分都贴在墙上展示出来。展示时，最好是让一些图形的对称轴在垂直方向上，另一些图形的对称轴在水平方向上（关于水平轴的对称，不像关于垂直轴的对称那样容易被看出来）。还可以让孩子们收集一些能体现对称性的物体、图画或照片，如树叶、蝴蝶、花朵和墙纸。我的猫摆出某些姿势的时候，我的孩子们经常会赞叹："它今天看上去多么对称啊！"

孩子们可以沿着纸板做的平面几何图形（见第 62~63 页）的边缘来画出各种图形，并通过折叠来测试它们是否有对称轴。当他们通过折叠发现一条对称轴的时候，就可以把这条对称轴涂上颜色。

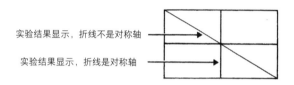

实验结果显示，折线不是对称轴

实验结果显示，折线是对称轴

· · · 对称和分数 · · ·

折叠活动显示，对称轴把平面图形分成两个全等的部分。孩子们会发现，一个有 2 条对称轴的平面图形会被对称轴分成 4 个全等的部分，并且这 2 条对称轴总是互成直角。我们可以告诉他们，每个部分都是这个图形的四分之一。孩子们还会发现，等边三角形有 3 条对称轴，把它分成 6 个全等的部分。我们可以告诉他们，每个部分都是三角形的六分之一。他们在正方形里会发现 4 条对称轴，把正方形分成 8 个全等的部分，每个部分都是正方形的八分之一。有能力的孩子会发现圆形里面有无数条对称轴。

 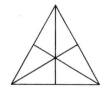

··· 全等和方向 ···

一条对称轴可以把平面图形分成两个全等的部分，但这两个部分并不是所有方面看上去都是一样的，而是一半向左、一半向右，它们都是彼此的映像。

（1）（2）

孩子们可能对于上面的图（1）和图（2）全等这点感到疑惑，毕竟字母 d 和 b 是彼此的映像，但老师仔细、认真地教过他们，这两个字母是不一样的。在数学中，我们则要求孩子们找相似之处。一个几何图形改变方向后，名称并没有改变，但是字母的方向改变了，读法也就改变了。即便在数学领域中，方向不同也可能影响我们的感知。很多人把下面的图（3）叫作菱形，把图（4）叫作方块，但图（3）旋转后就和图（4）是一样的了。实际上，我们并不需要给图形取两个名字，就像我们不会给图（5）和图（6）取两个名字。但是当我们在阅读时，图（7）和图（8）作为字母，当然需要有两个读法。

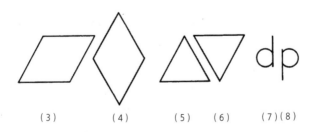

（3）　　　　（4）　　　　（5）　　（6）　　（7）（8）

第四节 密 铺

拉丁语中"tessella"①的意思是"瓷砖"。密铺是把平面图形紧挨着,像瓷砖一样铺满整个面。孩子们用平面图形来拼一幅画(或尝试用一些图形来拼一个新的图形,如第 64 页那样),就会发现有些图形是可以拼起来的,而有些则不能。现在,给每个孩子一套全等的图形,如圆形、正方形、长方形或各种三角形(可以从第 62~63 页的图形中选择),让孩子们探索一下这些图形能不能像瓷砖一样无缝拼接到一起,铺满整个面。

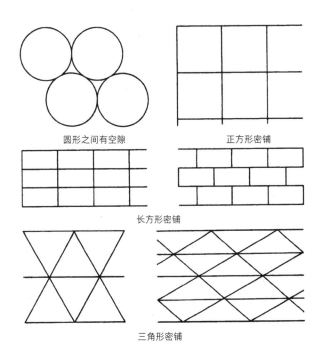

圆形之间有空隙 　　　　正方形密铺

长方形密铺

三角形密铺

孩子们会发现,任何一套全等的长方形和三角形都可以密铺,

---

① "密铺"的英文单词是"tessellation"。

全等的圆形则不能。一个孩子把一套图形拼成一个密铺图案后，可以沿着图形的边来画，把整个图案画出来。他可以研究这个图案，发现一对直角能形成一条直线，四个直角围绕着一个点可以填满整个面，还会发现其中有平行线。

· · · 密铺和分数 · · ·

可以让孩子们在他们的密铺图案中画出适当数量的图形，这样他们就可以按大图形的四分之一来涂上不同的颜色。涂色会让聪明的孩子联想到其他可以密铺的图形，例如下图中的"L"形或"半六边形"。

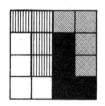 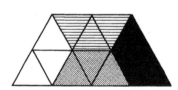

· · · 自由密铺 · · ·

富有想象力的孩子或成人可能喜欢创造一种"自由"的密铺图案，他们会把现有的线条替换成另一种有规律的线条。下图中的密铺图案，就是在长方形密铺和等边三角形密铺的基础上变化而来的。

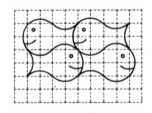 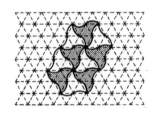

第五节　平面图形的框架

让孩子们制作平面图形的框架，可以让他们把注意力集中到图形本身和边长的关系上。我们要准备几张不同长度的卡纸条，如 14 厘米、18 厘米和 22 厘米。在距离卡纸条末端 1 厘米处打孔，孔必须足够大，可以让两脚钉穿过，用来连接两张卡纸条。当卡纸条做成框架后，它们的有效长度变成 12 厘米、16 厘米和 20 厘米。（也可以用商用的几何卡纸条来替代手工制作的卡纸条。）

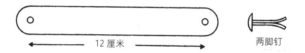

让孩子们先使用有效长度为 12 厘米的卡纸条制作一些封闭图形。孩子们把这些卡纸条放到一起比较，就会发现它们长度一样，制作出来的图形也是各边相等的，这样的图形叫等边形。孩子们会制作出等边三角形、等边四边形（如正方形、菱形）、等边五边形（或正五边形）、等边六边形（或正六边形）。他们会发现只有等边三角形是稳定不变的，其他图形通过推拉都会变成各种各样的等边形。

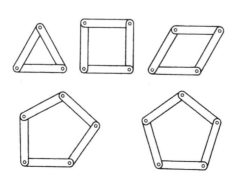

　　孩子们可以使用两种不同长度的卡纸条制作出两条边相等的三角形（等腰三角形）、长方形、平行四边形、筝形①，以及各种五边形或六边形。在这些图形中，只有三角形是稳定不变的。

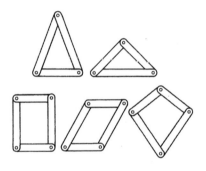

　　使用三种不同长度的卡纸条就能做出更多的图形来。按照我们所建议的长度，可以做出的图形之一就是直角三角形。我们还可以建议孩子们把一张最长的卡纸条作为对称轴，来制作一些对称图形。（加上这张卡纸条，筝形就稳定不变了。）

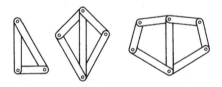

---

① "筝形"原文为"kite"，即风筝状的图形。它的两组邻边分别相等，且一条对角线垂直平分另一条对角线。菱形是特殊的筝形。

第六节　制作立体图形

在第六章里（见第 66 页），我们看到孩子们是如何通过研究立体图形的各个面来获得对平面图形的直观认知的（例如，一个正方体的 6 个面都是全等的正方形）。这种直观认知可以通过用卡纸制作出立体图形来得到加深。

我们给孩子们看一个盒子，告诉他们接下来我们要做一个和它一模一样（或全等）的盒子。我们先把盒子放在桌上，把各个面展示给孩子们看，并分别写上"顶面""底面""前面""后面""左面""右面"。接着把盒底朝下放在一张卡纸上，沿着边把底面画出来，在画出来的长方形中写上"底面"。然后把盒子放回原处，慢慢翻转盒子，并保持底面的边始终不离开卡纸，直到写有"前面"的面完全接触卡纸。同样沿着边把这个面也在卡纸上画出来。再把盒子翻转回来，使盒底和卡纸上写有"底面"的长方形接触。现在我们在卡纸上的第二个长方形中写上"前面"。我们继续翻转盒子，画出其他面，并给它们做标记，直到画出与盒子"底面"相邻的 4 个面。现在孩子们会看到除了盒子的"顶面"，我们已经把其他面都画出来了。要画出"顶面"，我们要把盒子连续翻转两次，使盒顶和卡纸接触。

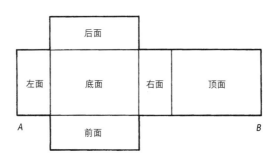

当 6 个面都已经画好、标记好后，我们就来研究画出来的图形。它叫作这个盒子的"展开图"。它包含许多直角，每一个都对应于盒子本身的某个直角。我们看到了一些长直线，例如上图中的 AB，它之所以是直的，是因为在这条直线上有 3 对相邻的直角。我们还发现，展开图中的平行线都和盒子本身的平行线对应。最后，我们把这张展开图剪下来，再折叠起来，把边用胶带粘起来，就做成了一个和原来的盒子全等的盒子。这样向孩子们演示之后，让他们自己制作一些他们熟悉的立体图形（如棱锥、棱柱、正方体、长方体）的展开图。如果孩子们用铅笔画图，那么在剪下来之前还可以进行修改，以免浪费卡纸。

我们在本章里建议制作的许多图形，可以在下一章的测量长度的活动中再次利用。

做本章活动所需要的器材

· 一套全等的圆形、正方形、长方形和三角形。

· 用于折叠、剪裁的卡纸，剪刀，笔。

· 卡纸条（或商用的几何卡纸条）、连接卡纸条的两脚钉。

· 立体图形、用来制作立体图形的卡纸。

· 水平仪和铅垂线。

给读者的建议

1. 直角 测试几个 6 岁和 7 岁的孩子，看看他们是否有直角的概念（你可以让他们观察窗户、书本、纸张的角，并判断它们是否有相似之处）。记录下孩子们所使用的语言。

2. 平行 测试同一批孩子，看看他们是否有平行的概念，以及是否能用语言来描述这个概念。

3. 水平 在第八章里我们曾讲到，皮亚杰认为处于"前运算阶段"的孩子是不具有"水平"概念的。他的依据是观察到孩子们把倾斜瓶子中的水面画成第 88 页那样。选择几个 7 岁的孩子，按照下面所讲的方法进行皮亚杰测试，并进行一些"教学"。

准备 4 张纸，上面分别画着 4 个瓶子，如下图所示：

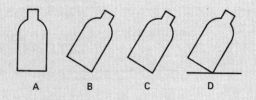

（1）给孩子们看一个如图 A 这样的瓶子，里面装有半瓶水。让他们在图 A 上画出一条线来表示这个瓶子中水面的位置。

（2）让他们想象瓶子如图 B 这样倾斜时，水面是在什么样的位置上，然后在图 B 上画出一条线来表示（不要把瓶子倾斜给他们看）。

（3）像图 C 那样倾斜瓶子，让孩子们在图 C 上画出一条线来表示他们看到的水面所在的位置，这就是皮亚杰测试的目的。

（4）像图 D 那样倾斜瓶子，让孩子们注意到水面和瓶子所在的桌面是平行的（在图中画上桌面）。现在，让孩子们在图 D 上画一条线来表示他们看到的水面所在的位置。

4. 对称　给几个 6 岁或 7 岁的孩子看一个画有一根对称轴的平面图形（如心形），让他们说出图中的两部分的相同或不同之处。

5. 对称　写几个对称的大写字母，排列起来：（1）有垂直对称轴的字母（如"A"）；（2）有水平对称轴的字母（如"B"）[①]。

从第一组的字母中选几个组成一个词，然后像下图这样写成竖向的一列。从镜子里看写出来的词[②]，你能解释你所看到的情况吗？从第二组的字母中选几个组成一个词，然后像下图这样写成横向的一排。把这个词上下颠倒，从镜子里观察它，你能解释你所看到的情况吗？

$$
\begin{array}{ll}
\text{H} & \\
\text{A} & \text{CHOICE} \\
\text{T} & \\
\end{array}
$$

6. 密铺　一个"正"的平面图形有相等的边和角。在第 153~154 页的图形中，你会看到一个正五边形和一个正六边形。请你试一试，看能不能用全等的正五边形或正六边形来密铺，以及能否用全等的正八边形来密铺。

---

① 这里作者所举的范例皆为英文单词，我们在实际教学时可以用相应的汉字来替代，如"土""目"等。
② 此处及后文中两处提到从镜子里观察字母，作者所指应是像第 148 页所提到的那样，把镜子放在对称轴上，观察镜子内外的图形能够合成一个完整的图形。

第十三章 | 测 量

这个国家使用的测量方法，并不是那些由一个精通算术和科学的人一次性完成测量的方法。

——奥古斯都·德·摩根教授，1830 年

在第六章里，我们讨论了使用实物单位来测量长度的初步体验活动。在第七章里，我们讨论了关于容积、重量和时间的类似体验活动。在本章里，我们将讨论如何让孩子们使用简单的常用工具，按标准单位来进行测量。

第一节 长 度

普通的尺子标有刻度和数字，其中一个数字可能是"0"。当你使用尺子来测量长度的时候，必须把"0"这个刻度和被测物体的一端尽量对齐，再看清楚物体另一端所对准的刻度，把这个刻度转化为相应的数字。这个数字可能在尺子上标出来了，但也可能没有标出来。你可能会觉得这样的活动和使用实物单位来测量几乎没有什么关系与相似性。事实上，孩子们要有很多的过渡性体验，才能从使用实物单位来测量转变为使用普通的尺子来测量。

通用的长度标准单位之一是"厘米"。1厘米是非常短的长度，我们无法给孩子们提供1厘米长的小棒，但可以用卡纸做一把简单的尺子：10厘米长，上面有10段彩色条块，条块的宽度为1厘米。把两把这样的尺子用各种方式并排放，就可以验证每段条块的宽度都是一样的。这样就可以告诉孩子们，这个宽度叫作"1厘米"。

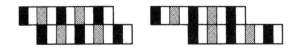

这种简单的尺子上没有数字，但它可以用来测量小于10厘米的物体的长度，方法就是把尺子的边缘和物体的边缘对齐，并数物体旁边的彩色条块的数量。

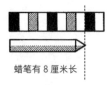

蜡笔有8厘米长

孩子们可以使用这种简单的尺子来测量他们所画的对称图形（见第149页）中一些线条的长度，并注意到对称轴两边相对的线条是一样长的。他们可以测量自己拼的密铺图案（见第151页）中某些线条的长度，找出一样长的线条。可以提醒孩子们，用来密铺的图形是全等的，所以我们可以预测密铺图案中的某些线条是一样长的。他们也可以测量自己做的一些立体图形（见第155页）的长、宽、高。这些简单的尺子可以首尾连接起来，用来测量长度大于10厘米的物体。如下图所示，在测量铅笔的长度时，孩子们应该这样数："10（第一把尺子的长度）、11、12、13、14、15。"这种活动把孩子们新学的按厘米来测量和十位、个位联系起来了，能加深他们对位值概念的理解。

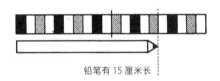

铅笔有15厘米长

可以把长度测量活动和数的运算联系起来。例如，把蜡笔和铅笔排成一行，测量其总长度（用"8+15=23"来表示），或者比较蜡笔和铅笔的长度（用"15=8+7"来表示）。

我们向孩子们介绍的最简单的普通尺子，可能就是那种1米长、以厘米为刻度单位、每10厘米标记有数字的米尺了。孩子们可以把他们的卡纸尺子放在这把尺子的旁边，看看尺子上的刻度是否和彩色条块的边缘相吻合。米尺可以用来测量50厘米以下的物体的长度（如果孩子们已经学会读出与使用50以上的数和数字的话，还可以测量更长的长度）。如下图所示，测量一个孩子的手臂长度，要这样数："10、20、30、40、41、42、43。"

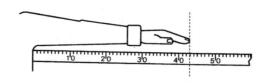

· · · 估　算 · · ·

要鼓励孩子们在测量物体之前先估算一下物体的长度，因为这样他们就会关心自己所测出来的数所具有的意义。例如，一个孩子在测量 37 厘米高的橱柜高度时，不小心把米尺倒过来了，他可能会读出"60"这个数，然后数"61、62、63"。如果他之前估算橱柜的高度是 40 厘米的话，他可能就会质疑自己的测量结果，并发现错误。

· · · 记　录 · · ·

孩子们可以记录他们的估算数和实测数，并计算两个数量之间的差，如下表所示：

	估算数	实测数	相差
蒂姆的手臂长度	40 厘米	43 厘米	3 厘米
玛丽的手臂长度	50 厘米	45 厘米	5 厘米
西瓦的手臂长度	50 厘米	48 厘米	2 厘米

孩子们往往不愿意写下估算数，因为他们会觉得这可能是错误

的。我经常看到孩子们在测量后再填写估算数，估算数和实测数是完全一样的，或者仅仅差了 1~2 厘米。我们必须说服孩子们，估算是为了检验他们的实测数是否合理，而不是为了看看他们猜得到底有多准确。随着学习的进阶，数学中的估算会越来越多，而不会越来越少。（例如，当孩子们使用计算器的时候，估算计算结果可能是多少就很重要，这样就不会忽略因为按错按钮而发生的错误了。）

·····剩余的零头·····

所有的测量结果都只是近似值。蒂姆的手臂不会正好是 43 厘米长，也不会正好是 43.2 厘米长。一种测量仪器，无论多么精确，也只能明确长度在什么区间里。这个测量仪器可能告诉我们长度在 43~44 厘米之间，而另一个测量仪器可能告诉我们长度在 43.2~43.3 厘米之间。要表扬那些注意到物体的末端与尺子上的刻度不完全吻合的孩子，不过要鼓励他们把长度记录为最接近的整厘米数。在孩子们所有的测量活动中，包括测量容积、重量、时间、面积、体积等，都会遇到"精确测量"这个问题，他们将会逐步认识到测量并不是一个精确的过程。

·····厘米和米·····

"厘米"这个词的意思是"百分之一米"[①]，但在这个阶段告诉孩子们这件事并没有什么好处，他们需要认识到"厘米"本身就是一种单位。

---

① 这里作者是从英文的角度来说的。"厘米"的英文单词是"centimeter"，"centi"作为前缀，通常指一百或百分之一；"meter"是"米"的意思。

· · · 标准尺的使用 · · ·

在对上面所讲的简单尺子和米尺有了足够的体验以后，孩子们可以使用较小的、标准的 30 厘米直尺，上面是按厘米来标记刻度和数字的。由于孩子们学习计数的时候是从"1"开始的，所以他们会觉得应该把标着"1"的刻度和被测物体的一端对齐。如果孩子们在使用这种新的 30 厘米直尺之前，把它和前面用过的简单尺子比较一下，他们就会更容易理解标为"0"的刻度的意义。

第二节 重 量

如果说"厘米"这个单位比较小，不太方便使用，那么"克"就更加不方便了（1枚1便士的硬币重约3克）。决定使用这个测量单位的人当然不会去考虑孩子们对概念的理解是如何发展的。那种可以测量出1克差别的天平不太适合给孩子们用，因为它们太灵敏了。而另一个极端，则是1千克的物体实在太重了，孩子们不能举起超过10千克的物体，平时使用的天平也不能称超过几千克的物体。那么我们该怎么办呢？

补救的办法就是继续使用第78页所讲的100克的橡皮泥球，不用给这种重量单位取新的名称。在这个阶段，我们可以给孩子们提供一些1千克的砝码，让孩子们发现这些砝码都和10个橡皮泥球一样重（以后再让孩子们知道这个重量叫"千克"。现在，我们就说这些砝码是10个橡皮泥球的重量）。孩子们可以用这些橡皮泥球和新的"10球"砝码去称量一些物品，如图书、杂货、鹅卵石等。称重活动中，要不断把重量和十位、个位联系到一起，这样能加深他们对位值概念的理解。

这罐鹅卵石的重量是21球

孩子们可能会发现这样的情况：

一袋糖果重 10 球
两袋糖果重 20 球 ⎫
三袋糖果重 30 球 ⎭ 加强 "10 个一组" 的概念

以及

一罐玉米片重 4 球
一罐沙子重 14 球 ⎫
一罐鹅卵石重 21 球 ⎭ 加强重量和尺寸大小无关的概念

要把称重活动和数的运算联系起来。我们可以拿出一袋糖果和一罐鹅卵石，把它们放到天平托盘上，称出总重量是 31 球（用 "10+21=31" 来表示）。或者，把一袋糖果放到一个托盘上，把一罐鹅卵石放到另一个托盘上，比较两者的重量。孩子们会注意到，我们得在放糖果的托盘上加上 1 个 "10 球" 砝码和 1 个橡皮泥球，才能使得天平平衡（用 "21=10+11" 来表示）。

安排这些称重活动时，所使用的数字要在孩子们能掌握的范围内。所以，至少在最初阶段，要确保用整数个球就能使天平平衡。（之后，如果能发现一个物体比 11 球重，但比 12 球轻，就很有价值了。）在孩子们有了大量使用橡皮泥球和 "10 球" 砝码进行称重活动的体验后，要测试他们对重量守恒的理解，测试方法见第 79 页。

第三节　容　积

　　测量容积常用的单位是升和毫升。同样地，这两个单位都不太适合年幼的孩子。课堂上最常用到的单位是十分之一升（也就是100毫升）。可以把酸奶盒剪成这样大小的纸杯，再给孩子们一个1升的烧瓶，孩子们会发现，一个烧瓶可以装10杯水（以后再让孩子们把这样一个烧瓶所容纳的量叫作"1升"。在这个阶段，应该看作一烧瓶水可以装10杯）。如果烧瓶上有刻度，那么要把除了"1升"这个刻度以外的刻度都用纸条贴起来。

　　孩子们现在可以用酸奶杯量出水或沙子的量。要测量平底锅能装多少水，他们会把平底锅先装满水，然后倒进烧瓶里。假设平底锅里的水倒满了一个烧瓶以及另一个烧瓶的一部分，那么就可以把另一个烧瓶中的水再倒入酸奶杯中。如果正好装满了6杯，那么孩子们就会说平底锅能装16杯水。要验证这个测量结果，可以把一烧瓶的水和6杯水再倒回平底锅里。这种活动把容积的测量和十位、个位联系起来了，可以加深孩子们对位值概念的理解。

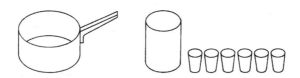

　　容积的测量也可以和数的运算联系起来。假设我们发现一个罐子能装7杯水，那么一个平底锅和一个罐子加起来，就可以装23杯水（用"16+7=23"来表示）。当比较平底锅和罐子的容积时，我们会发现平底锅比罐子能多装 9 杯水（用 "16=7+9" 来表示）。

最后，我们可以让孩子们在 1 升的烧瓶上，以一杯水的容积为单位来画刻度，结束对容积的学习。如果烧瓶上贴了用来盖住原刻度的纸条，那就在纸条上画新刻度。孩子们先把一杯水倒入烧瓶中，根据水面在纸条上画刻度，并在刻度旁写 "1"；再倒入第二杯水，水面升高，根据新的水面在纸条上画刻度，并在刻度旁写 "2"。（还可以把烧瓶里的水倒回 2 个酸奶杯里，加深孩子们对这些标记的理解。）然后，孩子们继续在烧瓶上画刻度和写数字，直到 "10" 的刻度和 "1 升" 的刻度恰好吻合。如果两者有差距，那么可以把孩子们做的标记去掉，再重新做一遍。这一次可以先把烧瓶装满到 10杯水的高度，然后从烧瓶往酸奶杯里倒水，一次倒出一杯，再从上往下来画刻度。

在孩子们有了大量使用酸奶杯和烧瓶来测量容积的体验后，要测试他们对容积守恒的理解，测试方法见第 76 页。对于那些理解容积守恒的孩子，如果他们愿意，可以允许他们使用自己画好刻度的烧瓶继续做测量容积的活动，如下图所示：

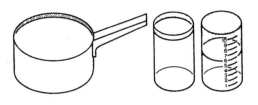

平底锅能装 16 杯水

第四节 面 积

测量面积，测的是"面"的量。和其他测量活动一样，测量面积要先从求同活动开始，然后进展到排列活动。两个全等的平面图形，正好可以彼此重合，我们说它们覆盖了同样大的"面"，或者说它们有相同的面积，如图（1）所示。如果一个平面图形可以放在另一个的内部，我们说它所覆盖的"面"比另一个小，或者它比另一个的面积小，如图（2）所示。在这个阶段，我们不要让孩子们看那些重叠的图形，这样谁大谁小不能一目了然，如图（3）所示。

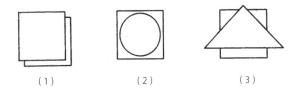

（1）   （2）   （3）

我们测量一个图形的面积，通常是用它所覆盖的全等的正方形的数量来表示。因此，两个不全等的图形可能有着相同的面积。在测量面积的初始阶段，孩子们理解这个概念可能有些困难。他们需要进行大量的体验活动，做出许多有着相同面积的不同图形来。为此，我们可以回到前面孩子们拼密铺图案的活动中（见第151页）。一个孩子用12个全等的正方形拼出一个密铺图案，那么我们可以让他再用相同的12个正方形拼出几种不同的图形。同样地，对于用12个全等的三角形拼出密铺图案的孩子，也可以让他再用相同的12个三角形拼出一些不同的图形。

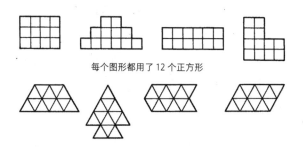

每个图形都用了 12 个正方形

每个图形都用了 12 个三角形

　　玩简单的七巧板，可以帮助孩子们理解面积守恒。如下图所示，这套图形可以拼成一个正方形。孩子们可以用它们拼出各种各样的图形。所有这些图形的面积都相等。

　　还可以让孩子们在方格纸上画一些自由图形，并按照面积的大小顺序排列起来。至此，向孩子们介绍面积的课程就可以圆满结束了。他们可以先研究自己的图形，再去研究其他人的。有创造力的孩子会画出正方形的一半甚至四分之一来。

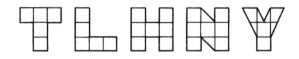

把这些字母按照面积大小顺序来排列

第五节 时 间

在第七章里（见第 81 页），我们讲了如何使用节拍器或钟摆来体现有规律的节奏，它们可以用于测量时间的间隔。把节拍器调到 60，或者把钟摆的长度固定到 1 米，这样时间的间隔就是 1 秒。现在，我们可以向孩子们介绍一种测量秒数的秒表。秒表上有一根秒针，它每秒钟走动一小格，每分钟转一圈。对于孩子们来说，秒表比常用的时钟更容易看懂，因为它的秒针转得很快，走动起来非常明显。大多数秒表上也有一根分针，一开始我们可以忽略它。可以让孩子们看着秒针不停地跳动，同时数它在转圈的过程中跳动了多少次。当孩子们都确认转一圈需要 60 秒之后，就可以告诉他们这段时间也叫作"1 分钟"。秒表上通常标有 5、10、15 等数字，因此孩子们可以指着表盘，5 秒 5 秒地数，一直数到 60。然后让他们猜一猜，1 分钟里他们能做什么：他们认为自己能跳多少下，能把自己的名字写多少遍，会呼吸多少次，等等。猜完之后，再让秒表开始计时，看看他们猜得对不对。

我想，一分钟里我能把自己的名字写 10 遍。

一分钟里我把自己的名字写了 13 遍。

另一分钟里我把自己的名字写了 15 遍。

我们可以用秒表来测量完成各种活动所需的时间。先把表盘上的刻度指给孩子们看，然后把它和米尺上的刻度进行比较。有些刻度旁边标有数字，有些则没有。我们沿着刻度 5 秒 5 秒地数，"5、10、15"，看看走了 15 秒后秒针指向哪里。接着再数到 23 秒，"5、10、15、20、21、22、23"，看看秒针指向哪里。现在我们可以测量约翰系鞋带所需的时间了。约翰开始系的时候我们开始计时，当他完成时我们就停住秒表。这时秒针的位置如下图所示。我们沿着表盘数，"5、10、15、16、17、18"，测量出约翰系鞋带用了18秒。

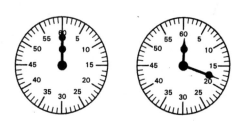

还可以测量超过1分钟的活动。如果一项活动完成时，秒针正好转了一圈，那么这项活动就用了1分钟。这时，我们可以让孩子们注意秒表上的分针。它指着表盘上的第1个刻度，证实了秒表滴滴答答地走了1分钟。如果一项活动完成时，秒针转了2圈，说明这项活动用了2分钟。分针会指着表盘上的第2个刻度，证实秒表的确走了2分钟。现在我们可以测量用时几分钟的活动了。假设孩子们上完图画课开始清理东西时，我们启动秒表，当他们完成时停止。如果分针指着表盘上的第4个刻度，秒针指着第35个刻度，孩子们就可以推断出：他们用了4分35秒来清理东西。

这些活动可以为孩子们理解常用的钟表是如何运转的做好准备。

第六节　报　时

在孩子们理解时钟上的读数和时间流逝之间的关系之前，我们就可以教他们在常用的时钟上读出时间。我们首先教他们认识"几点"。当长针指着"12"的时候，短针所指的数字就告诉了我们现在是"几点"。孩子们会把特定时间和他们每日重复性的事件联系起来。例如："我早上8点起床，晚上8点睡觉。我们中午12点吃午餐，下午5点喝下午茶。"

如果让孩子们摆弄指针还能走动的旧钟，他们会注意到，两根指针在以不同的速度转动①；也可能注意到，长针走一个圈，短针才从钟面上的一个数字走到下一个数字。我们可以利用这样的观察来帮助孩子们理解普通时钟上的两根指针的运动模式。当时钟显示2点时，我们启动秒表。1分钟后，观察时钟上的长针发生了什么变化。长针走了一小格，就和秒表上的分针一样，这告诉我们时间过去了1分钟。这时候是2点过1分。两个钟表都在滴答滴答地走。我们可以猜猜，再过1分钟，长针会走到哪里。这时候，我们看到长针确实又走了一小格，现在就是2点过2分了。

现在我们可以把这根长针称为"分针"，并继续做预测和观察活动，直到这个时钟告诉我们到了2点过4分。这时，如果我们有一个能报时的钟，就可以把它设置为过2分钟就报时，并预测当铃声响起时，时钟会报出几点几分来。在等待报时期间，我们可以一格一格或5格5格地数刻度，一共有60格。秒表上的秒针每60秒转一圈，普通时钟上的分针每60分钟转一圈。

---

① 作者在文中所提到的时钟，都是指只有时针和分针的时钟。

对于孩子们来说，学习看钟说出"几点过几分"比说出"几点差几分"要容易得多。"2 点过 40 分"比"3 点差 20 分"更容易读出来，也更容易形成概念。后者要求预先知道再过 20 分钟就是 3 点。实际上，你是在心里先把时间定在 3 点，再把分针往回拨 20 分钟。不必告诉孩子们"3 点差 20 分"这样的说法，因为所有的时间表或者用数字显示的钟表，都会把时间显示为 2∶40，以后孩子们要学习的就是这种表示法。

在第十五章里，我们还会回到报时这个话题上来，还会建议如何向孩子们介绍"小时"这个概念。

做本章活动所需要的器材

- 10 厘米长的卡纸，按厘米来画刻度，但刻度旁不写数字。
- 米尺，以厘米为刻度单位，每 10 厘米标记数字。
- 30 厘米的尺子，每厘米标记刻度和数字。
- 酸奶盒，剪成十分之一升大小。
- 1 升的烧瓶，除"1 升"的刻度外，其他刻度都用纸条贴起来。
- 方格纸、印有等边三角形的纸。
- 用于密铺的正方形和等边三角形卡纸。
- 一个能走动的秒表。
- 一些指针还能走动的旧钟。
- 一个时间精准的普通时钟。
- 一个能报时的钟。

给读者的建议

1. **长度** 观察几个 7 岁的孩子如何用尺子来测量长度。看看他们能不能合理估算长度，在测量长度的时候尺子能不能放准确，读出长度的时候是数厘米数还是直接读出尺子上的数字，能不能注意到"剩余的零头"，又是怎么做的。

2. **重量** 观察几个 7 岁的孩子称重量。他们会使用砝码吗？如果有使用，用了哪些砝码？他们会估算物体的重量吗？他们知道所用的两个砝码之间的关系吗？（例如，拿 10 个这种砝码，能不能和 1 个那种砝码平衡？）当发现一个物体比 10 个砝码重，但比 11 个砝码轻时，他们会提出什么问题？

3. **容积** 观察几个 7 岁的孩子测量容积。他们使用的是自己知道其对应容积的容器吗？（例如，他们知道自己使用的罐子能装 10 杯水吗？）他们在测量中会用到这样的知识吗？（例如，他们知道如果一个平底锅能装 2 罐水，就一定能装 20 杯吗？）

4. **面积** 测试几个 7 岁的孩子，看看他们是否理解面积守恒。用 6 个全等正方形拼成各种图形，把这些图形画下来，并问孩子们哪一个图形最大，为什么？记录此时孩子们所使用的语言。

5. **时间** 尝试估算一下 1 分钟有多长，然后使用用有秒针的时钟或手表来检验你估算得准不准。接着，看着秒针走 1 分钟，同时数一下你呼吸了多少次。最后，再试着估算一下 1 分钟有多长。现在你是不是估算得更准确了呢？

6. **报时** 把自己放在一个正在学习报时的孩子的位置上。假设你有一个指针逆时针移动的时钟。对于这样的时钟，数字必须按逆时针的顺序标记。请读出下面时钟上的时间。哪个容易，哪个难？

第十四章 | 100 以内的运算

> 不久，库珀先生来了……我打算向他学习数学……跟他一起学了一小时算术后（我第一次尝试学习乘法表），我们就分开了，直到第二天。
>
> ——塞缪尔·皮普斯写于 1662 年 7 月 4 日的日记
> （他当时担任海军部长）

本章我们将讨论如何帮助孩子们熟练进行 100 以内的加、减、乘、除运算。先让我们从一个典型的日常问题入手：假设我们要购买两件商品，价格分别是 29 便士和 25 便士。在商店里，我们就会用下面几种方法中的一种来心算出总价。我们可能会这么算："29 加 20 是 49，49 再加 5 是 54，所以总价是 54 便士。"或者，我们也可能这么算："30 加 25 是 55，29 比 30 少 1，所以总价要比 55 便士少 1 便士。"可以把这两种心算思路和我们在学校里学的"标准方法"所涉及的思路进行比较。这里的标准方法就是指用数学符号来笔算（竖式运算），如下所示：

9 加 5 是 14。在个位上写 4（写在答案位置上），在十位上写 1（不要写在答案位置上）。

接着计算十位，2 加 2 再加 1 是 5。在十位上写 5[①]。

$$
\begin{array}{r}
29\ + \\
25 \\
\hline
54 \\
{\scriptstyle 1}
\end{array}
$$

---

① 这里的竖式写法和我国小学教科书上的写法不一样。我们是把符号 "+" 写在第二个加数的左侧；个位如果向上进 1 位，则在第二个加数的十位和个位之间写一个小小的 "1"。下同。

笔算限定了一种特殊的思路，这种思路并不坏，但肯定不是唯一有用的一种。如果我们想让孩子们有自己选择计算思路的体验，就要鼓励他们除了使用"标准方法"进行计算外，还要能够心算以及通过实物操作来计算。

教孩子们笔算 29+25 这样的题，常用的方法是向他们提供结构化教具，通过操作它们，把符号所表示的数变成图画。我们要记住，让孩子们把注意力集中到题目的"图画"和"符号"方面，就会分散他们对题目的"体验"和"语言"方面的注意力。我曾经看到一个 7 岁的孩子做这样一道题："A 班有 29 个孩子，B 班有 25 个孩子，如果两个班都要乘坐长途汽车旅行，车上一共有多少孩子？"这个孩子叫丹尼斯，她知道老师是要她按之前学过的方法，使用结构化教具来解答。她拿出 2 个表示"10"的和 9 个表示"1"的教具，用来表示29；再拿出 2 个表示"10"的和 5 个表示"1"的教具来表示 25。她仔细地数出了 10 个"1"，换了一个"10"，就像下图这样。最后，她数出了所有的"10"和"1"的数量，并把她的答案记录在下面。

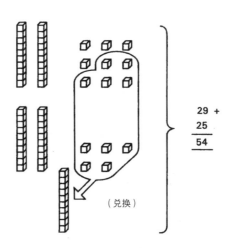

丹尼斯正要做下一道题时，我打断了她。我问她老师要她怎么来解答这道题。尽管她急于做下一道题，但还是很礼貌地向我解释，她用 2 个"10"和 9 个"1"来表示 29，用 2 个"10"和 5 个"1"来表示 25，然后操作了这些教具，并记录下她的结果。接着我问她："汽车上有多少孩子呢？"丹尼斯读了一遍题目，闭上眼睛，喃喃自语："29 加 25……"她苦苦思索，然后满脸疑惑地看着我问："是 54 个吗？"我说："是的！你写下来的是多少呢？"她有点惊讶地看着她写下的数字："54。"

丹尼斯的操作活动做得完全正确，但她在心里却没有把它和题目联系起来。当她再次看这道题的时候，发现心算比通过实物操作来计算更容易（她的练习本上，类似的题都是"√"）。她笔算时的解题方法与"图画"和"符号"有关，而心算解题则与"体验"和"语言"有关。当我们让孩子们进行计算的时候，要鼓励他们首先把注意力集中到题目的"体验"和"语言"上，而"图画"和"符号"方面则可以看成辅助的方式，它们不应被看成独立的、和前者割裂的方式。在笔算之前，应该先把注意力集中到心算上。

第一节　100 以内的加减法

加法　加法应该作为口头作业来介绍。"百数表"对于孩子们做这类作业会起到很大的作用。在第十一章里（见第 138 页），我们讲到了一些活动，能帮助孩子们熟悉"50 数字阵列"。这些活动可以扩大应用到百数表。（百数表的最后一个数是 100，可以把它作为"下一个数"写进去，而不用介绍其位值。）

1	2	3	4	5	6	7	8	9	10
11	12	13	14	15	16	17	18	19	20
21	22	23	24	25	26	27	28	29	30
31	32	33	34	35	36	37	38	39	40
41	42	43	44	45	46	47	48	49	50
51	52	53	54	55	56	57	58	59	60
61	62	63	64	65	66	67	68	69	70
71	72	73	74	75	76	77	78	79	80
81	82	83	84	85	86	87	88	89	90
91	92	93	94	95	96	97	98	99	100

做口头作业，可以参考百数表，也可以使用结构化教具。例如要做"42+10"这道题，如果参考百数表，可以在 42 的方格后面再数 10 个方格，或者走"捷径"，直接从 42 向下移一格到 52。如果使用结构化教具，我们知道，42 的意思就是 4 个 10 和 2 个 1，如果再加 10，就变成 5 个 10 和 2 个 1。接下来适合做的题还有：42+20，42+30，等等；42+11，42+12，等等；42+21，42+22，等等。参考百数表来做"42+22"这道题，会引出这样的有序计算："42 加 20 是 62，62 加 2 是 64。"操作结构化教具，就会引出这样的算法："40+20 是 60，2 加 2 是 4，所以答案是 64。"要让孩

子们自己选择并解释做题的方法。

减法 到现在,孩子们应该能把"42=32+ □"和"42 – 32= □"这两道题看成一回事了。参考百数表,我们看到从 32 到 42 之间有一条"捷径",正好是给前一个数加 10,于是我们就得到答案。操作结构化教具,引出的算法是:从 4 个 10 和 2 个 1 中去掉 3 个 10 和 2 个 1,如下图所示:

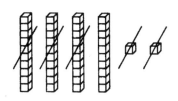

较难的加法 这种加法是指两个数的个位数相加大于 10,例如"37+25"。参考百数表进行计算:"37 加 20 是 57,57 再加 5 是 62。"(后一步可以分解为两步:"57 加 3 是 60,60 加 2 是 62。")使用结构化教具来操作,要鼓励孩子们把十位和个位分开计算:"30 加 20 是 50,7 加 5 是 12,50 加 12 是 62。"

使用结构化教具进行较难加法的计算的时候,通常都是鼓励孩子们把 10 个表示"1"的教具换成 1 个表示"10"的教具,就像第 178 页那样。对于心算有困难的孩子来说,当然可以告诉他们这样操作教具。

较难的减法 这种减法是指被减数的个位数比减数的个位数要小的情况,例如"52–36= □"或"52=36+□"。参考百数表有序计算:"36 加 10 是 46,52 比 46 多 6,所以 52 比 36 多 16。"(这并不是简单的思考。)操作结构化教具,把 1 个"10"拆分(或者叫"分解")成 10 个"1",这样就可以从中去掉 6 个"1"。

操作过程如下图所示：

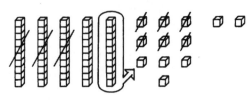

（拆分或兑换）

竖式运算 做了大量这样的口头练习后，孩子们就可以进一步用符号来记录他们的计算。现在他们必须学会在计算中对齐数字的十位和个位，这是全新的内容，对他们来说可能会有困难。可以允许他们使用白数表或者结构化教具来辅助计算，要让选择结构化教具的孩子记住：先计算个位，再计算十位。这就涉及从右到左的运算，和他们之前学习读写的方式（从左到右）是截然相反的。（我们的数字系统来自阿拉伯人，他们习惯于从右向左阅读和书写，所以他们发明一种从右向左进行运算的体系就很自然了。）使用结构化教具的孩子会发现，在计算中写几个附加的数字（如下图所示）会很有用[①]。

$$
\begin{array}{r}
37\ + \\
25 \\
\hline
62 \\
\footnotesize 1
\end{array}
\qquad
\begin{array}{r}
\footnotesize 4\ 1\\
5\!\!\!\diagup2\ - \\
36 \\
\hline
16
\end{array}
$$

我们要鼓励孩子们根据他们的计算来编故事，例如："花园里有 52 朵花，摘了 36 朵，还剩下 16 朵。"别忘了孩子们新学的测量技能，可以让他们把加减法技巧和测量活动结合起来。

---

① 这里退位减法的竖式写法也和我国小学的教科书上的写法不一致。当被减数的个位需向十位借"1"时，我们是在十位的数字上方标一个小点（退位点）。

第二节 编写和学习乘法表

在第十章里（见第 120~121 页），我们看到了如何编写和使用"2"的乘法表。在第十一章里，孩子们学会了 5 个 5 个地计数。现在我们可以开始让他们系统地学习乘法表，快速地记住它们。我们选择先介绍什么数的乘法表，取决于这些算式所体现出来的规律性的明显程度。例如，"5"的乘法表就具有很明显的规律，而"7"的乘法表规律就不那么明显。

"5"的乘法表 对那些能够沿着"50 数字阵列"，5 个 5 个地数的孩子来说，写出"5"的乘法表并不困难。下面这个"5"的乘法表的特殊之处在于它一直写到了 12 × 5，因为这和看时间有关。

$$1 \times 5 = 5 \qquad 5 \times 5 = 25 \qquad 9 \times 5 = 45$$
$$2 \times 5 = 10 \qquad 6 \times 5 = 30 \qquad 10 \times 5 = 50$$
$$3 \times 5 = 15 \qquad 7 \times 5 = 35 \qquad 11 \times 5 = 55$$
$$4 \times 5 = 20 \qquad 8 \times 5 = 40 \qquad 12 \times 5 = 60$$

写出乘法表后，孩子们要大声朗读。尽可能让他们用多种方式来寻找这张表的规律——十位上的和个位上的数字规律。他们可能会注意到一个偶数乘 5 和这个数的一半乘 10 是一样的，例如"$6 \times 5 = 3 \times 10$"。他们要试着在不看的情况下也能背出这张表来，并且彼此进行抽查提问，例如"七五"多少，"四五"多少，等等。这个乘法表可以和孩子们新学的"报时"联系起来，当分针指向"1"的时候，过去了 5 分钟；当分针指向"2"的时候，过去了 10 分钟；以此类推。也可以把 5 便士的硬币介绍给孩子们，并根据这个乘法表来解答下面的问题："要是我有 6 枚 5 便士的硬币，我一共有多少钱？""要是棒棒糖 5 便士一根，那么 40 便士可以买几根？"

"3"的乘法表 接下来向孩子们介绍的也许应该是"3"的乘法表。孩子们可以沿着"50 数字阵列"（或百数表）3 个 3 个地数。每数到第 3 个数字，就给方格涂上颜色，看到涂色格子呈现出规律来，他们会很高兴的。现在让他们自己写出"3"的乘法表，写到"10×3"，不会有太大困难。

写出乘法表后，孩子们要大声读出来，并用尽可能多的方式找出规律来。一些孩子可能会注意到，把等号右边的数的十位和个位加起来，就是 3、6、9、3、6、9 这样的规律。他们要试着在不看的情况下也能背出这张表来，并且彼此进行抽查提问，以及用乘法表来解决一些问题，例如："5 辆三轮车一共有几个轮子？""12 根小棒可以摆出几个三角形？"

···**帮助学习乘法表的游戏**···

当孩子们开始编写并学习某个乘法表时，他们可以玩一些游戏来辅助学习。每个乘法表都要做一套 20 张的纸牌。下面是为"3"的乘法表所做的纸牌中的 6 张（其他纸牌上写上其余的算式）。

3	1×3	6	2×3	9	3×3
ε	ε×1	9	ε×2	6	ε×ε

佩尔曼游戏 把 20 张纸牌正面朝下散放在桌面上,孩子们轮流翻开纸牌,每次翻 2 张。如果 2 张纸牌表示的是同一个数(例如"7×3"和"21"),那么这个孩子就可以把这 2 张纸牌配对并收走。如果不是同一个数,那么就把它们再倒扣回去。比赛结束时,得到最多配对纸牌的孩子获胜。

捉对游戏 先把纸牌像常规的捉对游戏一样分发出去,每个孩子发 10 张。当 2 张纸牌表示的是同一个数的时候,就配成对儿了,孩子就可以把对儿"捉"走。游戏还可以进阶为使用 2 个乘法表,共 40 张纸牌来玩。假设纸牌对应的是"3"和"6"的乘法表,那么纸牌"12""4×3"和"2×6"中的任意 2 张都可以配成对儿被"捉"走。

乘法表拉米游戏(供 2~3 人玩) 给每个孩子发 5 张纸牌,剩下的叠起来正面朝下放在桌上。翻开最上面的一张纸牌放到旁边。轮到某个孩子玩时,他可以拿走这张被翻开的纸牌或者旁边这叠纸牌里最上面的那张,尽量让拿到的纸牌和自己手中的配成对并摆出来。然后从手中挑出一张纸牌,盖到翻开的纸牌上(如果拿到的纸牌不能和手中的配对,就要把这张纸牌留在手中。接着轮到下一个孩子)。最快出完所有纸牌的孩子获胜。和捉对游戏一样,这个游戏可以进阶为使用 2 个乘法表的纸牌来玩。

数字蜘蛛 在学习了几个乘法表后,就可以在黑板上写一个数作为"蜘蛛"的"身体",然后让孩子们自发地说出一些数字组合,把它们填写到"蜘蛛"的"腿"上。这需要他们掌握一些乘法表的知识。下面是一个例子:

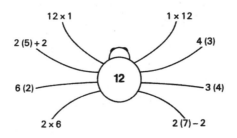

学习乘法表是一个漫长的过程，可能需要一年甚至更长的时间。学习乘法表的顺序可以根据规律的明显程度以及学习的难易度来决定。每一个乘法表中等号右边的得数，其个位和十位的数字中都有一些规律。把这些得数在百数表中标出来，也会显露出某种规律来。每编写完一个乘法表，就可以把它写到一张大乘法表中以供参考。我们给出下面这个例子，来说明在乘法表还没有全部编写完成之前，大乘法表可能会是什么样子。

1	2	3	4	5	6	7	8	9	10
2	4	6	8	10	12	14	16	18	20
3	6	9	12	15	18	21	24	27	30
4	8	12	16	20	24	28	32	36	40
5	10	15	20	25	30	35	40	45	50
6	12	18	24	30	36	42	48	54	60
7									
8									
9	18	27	36	45	54	63	72	81	90
10	20	30	40	50	60	70	80	90	100

孩子们玩乘法表游戏时，可以用这张大乘法表来核对。例如 5×3=15，可以在最上面一行中找到"5"，然后沿着这一列手指往下移动，找到开头是"3"的这一行，两者交叉的地方就出现了"15"。

用同样的方法还能发现，3×5 对应的也是"15"。在这张大乘法表中，由 1、4、9 等数字组成的对角线是这张图表的对称轴，这提醒我们，乘法是可以交换的。孩子们很容易接受乘法交换律，用图表的形式体现出来就更容易理解了。下面这张图，可以看成 8 个组，每组 3 个；也可以看成 3 个组，每组 8 个。这表明 8×3=3×8。

```
0   0   0   0   0   0   0   0
0   0   0   0   0   0   0   0
0   0   0   0   0   0   0   0
```

乘法交换律

当孩子们理解了 8×3=3×8、8×4=4×8 等时，他们学习"8"的乘法表，就只需要学习 7×8=56 和 8×8=64 这两道新的算式了。而最后一个乘法表——"7"的乘法表，他们只需要学习 7×7=49 这一道新的算式就可以了。

当一个班级里多数孩子已经 8 岁的时候，这张大乘法表就可以学完了。虽然孩子们记住乘法表的速度各有不同，但是他们应该能够用下面第三节所讲的方法来理解和使用这张大乘法表。

第三节　平方、倍数、因数和质数

向孩子们介绍这个标题里的这些术语时，可以把完整的大乘法表作为基础，顺带着帮助孩子们记住它。

· · · 平方数 · · ·

大乘法表对角线上 1、4、9、16 等数字，可以看出是 $1×1$、$2×2$、$3×3$ 等乘法的得数。可以告诉孩子们这些数叫平方数，因为它们都可以用摆成正方形的物体来表示。

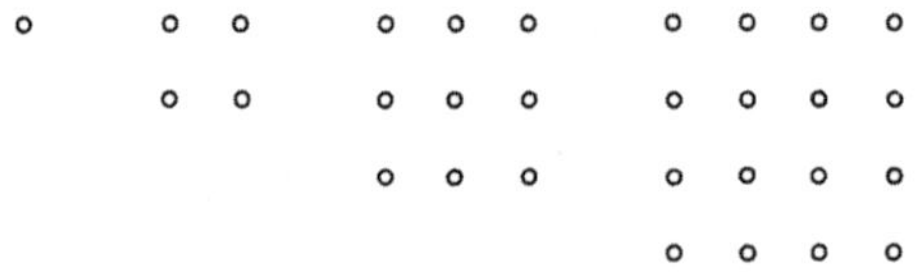

一些平方数

这时可以向孩子们介绍一个有趣的规律，参考下面这样的练习。

完成这些加法运算：

$$1+3=$$
$$1+3+5=$$
$$1+3+5+7=$$
$$1+3+5+7+9=$$

写出下一道可能出现的算式。

继续写出再下一道算式。

你算出来的得数都是什么数？

读者们可能会注意到，出现在本书第 2 页的规律再一次出现了。

· · · 倍　数 · · ·

因为 24＝8×3，我们说 24 是 3 的倍数。事实上，大乘法表第三行里所有的数都是 3 的倍数。孩子们可以利用大乘法表来完成他们的"侦查工作"："找到一个既是 3 的倍数，又是 5 的倍数的数。""既是 3 的倍数，又是 4 的倍数，这样的数能找到多少个？""每个 4 的倍数都是 2 的倍数，为什么呢？""每个 10 的倍数也都是 5 的倍数吗？也都是 2 的倍数吗？"

我们还可以利用大乘法表玩"猜数"的游戏。由孩子们问"神秘数"是不是某个数的倍数。下面是一个例子：

"我的神秘数是 5 的倍数，而且小于 50。"

"它是 2 的倍数吗？"

"不是。"

"它是 3 的倍数吗？"

"不是。"

"它是 7 的倍数吗？"

"是的。"

这样就足以猜到这个神秘数了。

· · · 因　数 · · ·

因为 24＝8×3，我们说 24 是 3 的倍数，而 3 则是 24 的因数。在大乘法表中，第三排的数都有一个因数是 3。孩子们可以利用大乘法表来完成他们的"侦查工作"："找到 24 的一个因数。""既是 24 的因数，又是 16 的因数，这样的数能找到多少个？""你能找到一个既是 27 的因数，又是 3 的因数的数吗？"（可能的答案是"3"或"1"。）"你能找到一个既是 9 的因数，又是 16 的因数的数吗？"（唯一的答案是"1"。）

我们可以再次玩"猜数"的游戏，这次只允许提有关因数的问题。下面是一个例子：

"我的神秘数是 24 的因数，但它不是 1。"

"它是 8 的因数吗？"

"不是。"

"它是 9 的因数吗？"

"是的。"

这样就足以猜到这个神秘数了。

· · · 质　数 · · ·

除了"1"和本身以外没有其他因数的数，称为"质数"。在大乘法表内，2、3、5、7 是质数，因为它们只能在表中的第一行和第一列中找到。可以让孩子从那些没有被列入大乘法表的数中找一找，他们可能会说 11、13、17 是质数。但是大乘法表里没有的数并不一定都是质数，例如 55，在表内就没有，但它不是质数。在现阶段，大多数孩子不能找到很多质数，但是这项活动很适合那些有天赋的孩子。

第四节　乘法表的应用

在第二节里，我们提到利用乘法表解决问题非常重要。在这些问题中，我们会涉及一些物体，它们很自然地就是 2 个一组、3 个一组等。下面举几个例子：

2 个一组：鞋子、手套、翅膀、自行车轮子、1 便士硬币中的半便士。

3 个一组：三角形的边、三轮车的轮子、三叶草的叶片。

4 个一组：桌子腿、汽车轮子、动物的腿、奇巧巧克力①的一部分。

5 个一组：手指、海星的触角、五边形的边、5 便士硬币中的 1 便士。

6 个一组：6 个装的一盒鸡蛋、六边形的边、正方体的面、昆虫的腿。

7 个一组：50 便士和 20 便士的硬币的边、每个星期的天数、衬衫的纽扣。

8 个一组：蜘蛛的腿、八边形的边、巧克力棒的一部分。

9 个一组：衬衫纽扣、魔方每个面上的正方形。

10 个一组：手指、10 便士硬币中的 1 便士。

可以这样来出题："多少个半便士相当于 8 便士？""4 辆三轮车一共有几个轮子？""30 个鸡蛋可以装几盒？""28 天包含几个星期？"

---

① 奇巧巧克力是一个有近百年历史的巧克力品牌，原名为"KitKat"。

第五节　表外乘除法

当孩子们已经掌握了一个数的乘法表，例如"5"的乘法表，就可以让他们尝试着解答超出 10×5 的乘法。例如，让他算一算 14 个 5 便士是多少钱。我们知道 10 枚 5 便士的硬币值 50 便士，4 枚 5 便士的硬币值 20 便士，由此可以推断出 14 枚 5 便士的硬币值 70 便士。算式 14（5）=10（5）+4（5）体现出了"乘法分配律"。这个词听上去很复杂，但是很容易被孩子们理解，尤其是用下图来表示的时候。下面的图片说明，14 个 5 不仅是 10 个 5 和 4 个 5，还可以是 9 个 5 和 5 个 5，或者是 8 个 5 和 6 个 5。14 个 5 的每一种分配方式都体现了乘法分配律。

在这个阶段对孩子们的要求是，只做得数小于 100 的乘法题。他们可以用下面这样的数学符号来记录他们的计算：

用两种方法计算 14×5

10 个 5=50	$8 \times 5 = 40$
4 个 5=20	$6 \times 5 = 30$
14 个 5=70	$14 \times 5 = 70$

也可以让孩子们做表外的等量分组的题，让他们思考：52 张卡片，4 张一组，可以分成几组？孩子们已经知道 10 个 4 是 40，那

么 40 张卡片，4 张一组，就能分成 10 组。剩下的 12 张卡片，就可以分成 3 组，因为 3 个 4 是 12。这样的计算可能仅限于口头作业，但也可以用下面这样的数学符号来记录：

$$
\begin{array}{rl}
52\ - & \\
40 & \quad 40=10\ \text{个}\ 4 \\
\hline
12\ - & \\
12 & \quad 12=\ 3\ \text{个}\ 4 \\
\hline
0 & \quad 52=13\ \text{个}\ 4
\end{array}
$$

上面的记录看上去很复杂，但对于孩子们来说，它比他们以后要学习的通用的除法竖式运算要更容易理解。

$$
\begin{array}{r}
13 \\
4\,\overline{)5^{1}2}
\end{array}
$$

做本章活动所需要的器材

·大量表示"10"和"1"的结构化教具。

·复印或购买的多张百数表。

·制作大乘法表的方格纸。

给读者的建议

1.加减法 让几个 7 岁半的孩子尝试心算下面的题：（1）32+46；（2）29+25；（3）53-21；（4）53-27。让那些算对了的孩子说说是怎么算出来的。然后让孩子们笔算这些题，按照他们所学的那样写下来。看看他们能否解释他们所写的计算过程。

2.乘法表 问这几个孩子学过哪些数的乘法表。在他们的所学范围内出几道题，进行抽查提问。然后让他们做几道超出他们所学范围的乘法题，如 13×5，让回答正确的孩子说说他们是怎么算出来的。

3.乘法表 假设你除了"7"的乘法表以外，对其他的乘法表都已经很熟悉了。运用这些乘法表，想出三种不同的方法来计算 7×7。确定你所使用的是乘法分配律还是乘法交换律。

4.乘法表 从第 186 页的大乘法表来看，孩子们好像必须记住这里的 100 道算式。但是，如果孩子们知道乘法交换律，那么需要记住的算式数量就大大减少了。考虑到"1"的乘法表是不需要记的，而"10"的乘法表仅仅是让我们回顾一下 20、30 等数的含义，然后算一算，真正需要记住的乘法算式一共有多少道？

5.平方数 "9"这个数可以用实物摆出一个正方形来，如

下图所示。这个正方形被分成三个部分，用来表示第 188 页的算式
（1+3+5= □）。把这个图形扩大到 4×4 或 5×5 的正方形，然
后用扩大后的图形来解释第 188 页的规律。

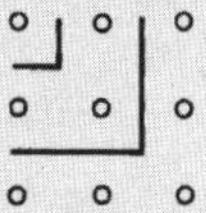

6. 倍数、因数和质数　在百数表中，把所有 2 的倍数除了 2 以
外都划掉，所有 3 的倍数除了 3 以外都划掉，所有 5 的倍数除了 5
以外都划掉，所有 7 的倍数除了 7 以外都划掉。剩下的是什么类型
的数？为什么是这样，你能解释吗？

第十五章 | **分数的初步认识**

> 你有些什么话，可以换到一份比你的两个姊姊更富庶的土地？
>
> ——莎士比亚《李尔王》[①]

对很多孩子，甚至一些成人来说，分数是很难理解的概念。理解分数有两个主要的障碍。第一个障碍，不能把分数看成一种孤立存在的东西，它只有在和整体有关联的时候才具有意义。要认识某个事物的"几分之几"，就需要先认识这个事物的"整体"。想象你得到一整个苹果的四分之一是比较容易的，但要想象你得到一千克物体的四分之一，或者在一小时这个整体中，已经过去了四分之一，这就不那么容易了。

理解分数的第二个障碍在于分数的符号表示较为复杂。分数下面的数字（分母）和上面的数字（分子）起着完全不同的作用。$\frac{2}{3}$ 这个分数的分母告诉我们，整体被分成 3 个相等的部分，读作"三分"；

[①] 这句话出自《李尔王》（朱生豪先生译本）第一幕第一场。李尔王把国土分成三份，让三个女儿分别说自己有多爱他，再根据她们说的内容来决定是否把土地赐给她们。轮到第三个女儿说时，李尔王对她说了这句话。原文中有 "third" 一词，意思是"三分之一"，这里是根据语境意译为"一份"。

分子则告诉我们，要考虑的是其中的 2 份，读作"之二"。这种分子—分母记数法使得同一个分数有无数种表示方法，例如 $\frac{2}{3}$ 同时也可以是 $\frac{4}{6}$、$\frac{10}{15}$、$\frac{14}{21}$，等等。孩子们要花很长时间才能明白这一点，并且在理解的时候可能还存在其他障碍。

为了克服第一个障碍，我们在早期阶段说到某个分数时，要经常提起和它相对应的"整体"。我们不能只说"四分之一"，而要说"一个苹果的四分之一""一米的四分之一""12 的四分之一"，等等。为了克服第二个障碍，在孩子们形成分数概念之前，我们要避免使用分数的记数法。不过 $\frac{1}{2}$ 是个例外，因为它被广泛应用于生活中的各种事物上，如硬币、邮票、鞋子等。可以让孩子们把它念成"二分之一"，但不需要向他们解释为什么它由"1"和"2"构成。在这一章里，我们会讲一些有助于孩子们形成分数概念的活动。至于记数法，我们到第十八章再讲。

第一节　分数的数词和等量分配

在第十章里（见第 126 页），我们看到了等量分配是如何自然地引出分数的概念的。当我们把一些饼干平均分给 4 个人时，每个人得到这些饼干的四分之一。我们也可以在做像对称和密铺这样的活动（见第 149 页和第 152 页）时，用分数的数词来表达图形的等量分配。孩子们要学会用分数的数词来表达等量分配的结果，就要做一些系统的练习，包括口头练习和书面练习。我们来举一些例子：

当我们把饼干平均分给 4 个人时，每个人得到这些饼干的四分之一。

当我们把巧克力棒平均分给 6 个人时，每个人得到巧克力棒的六分之一。

当我们把一个正方形平均分成 8 份时，每一份是这个正方形的八分之一。

求 20 颗糖的五分之一。

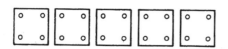

20=5 × 4
所以 20 颗糖的五分之一是 4 颗糖。

求 12 厘米的三分之一。

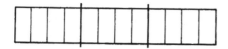

12=3 × 4
所以 12 厘米的三分之一是 4 厘米。

第二节　分数和图形

我们已经讲过对称性是如何引出分数概念的。对称轴把一个图形分成两半。如果一个图形正好有两条对称轴，它们就把图形分成 4 个四分之一。如果一个图形正好有三条对称轴，它们就把图形分成 6 个六分之一。可以让孩子们把对称图形涂上不同的颜色，然后说出涂色部分占整个图形的几分之几。下面是一个例子：

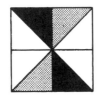

正方形的八分之 2 是灰色的。
正方形的八分之 2 是黑色的。
正方形的八分之 4 是白色的。
一共是八分之 8 [①]。

请注意，在这个例子里，我们用数字来表示每种情况下正方形的八分之几，这些数字是这些分数的分子。分数的分子是可以计数的。八分之二加八分之二是八分之四。孩子们以后会写成 $\frac{2}{8} + \frac{2}{8} = \frac{4}{8}$。分子 2 和 2 相加得 4，但是当我们做分数加法的时候，分母是不能相加的，因为分母不是用来计数的。

在做密铺图案或计算面积等活动时，孩子们也有机会给整个图形的某些部分涂上颜色，并用分数来表示涂色部分占整个图形的几分之几。我们举一个例子：

---

① 在我们的实际书写中，分数必须全部写成汉语数字，如八分之一，或者全部写成阿拉伯数字，如 $\frac{2}{8}$。下同。

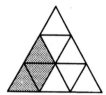

三角形的九分之 3 是灰色的。
三角形的九分之 6 是白色的。
一共是九分之 9。

　　给图形的某些部分涂色，会让孩子们开始注意到，同样的一部分图形，可以用不同的方式来表达。例如，孩子们给正方形涂色的时候，或许能看出来正方形的四分之一是灰色的，正方形的二分之一是白色的；孩子们给三角形涂色的时候，可能会写"三角形的三分之一是灰色的"，因为他们看出来 3 是 9 的三分之一。

第三节 分数和长度

把分数和长度联系起来的一个最简单的方法，就是把一张纸条对折起来，能清晰地看到折痕把纸条平均分成两半。如果把折好的纸条再次对折，我们就把它平分四个部分。如果我们再对折一次，就可以得到这张纸条的八分之一。

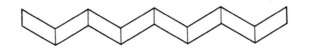

如果纸条原本是 16 厘米长，我们就可以直接把它和数字作业联系到一起：16 厘米的二分之一是 8 厘米，四分之一是 4 厘米，八分之一是 2 厘米。

孩子们也可以利用数字作业来掌握其他长度的分数表示法，如下例所示：

求 12 厘米的六分之一。
12=6 × 2
所以 12 厘米的六分之一是 2 厘米。

求 10 厘米的五分之二。
10=5 × 2
所以 10 厘米的五分之一是 2 厘米。
10 厘米的五分之二是 4 厘米。

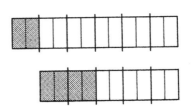

米 在第十三章里（见第 161~162 页），我们讲过如何使用米尺按厘米来测量长度。在那个阶段，孩子们认为尺子的长度是 100 厘米，"米"这个单位并不是必须使用的。现在我们可以告诉孩子们这把尺子是 1 米长。孩子们可以用几把米尺，以米为单位来测量长度。例如，他们可能会发现，门大约有 2 米高，教室大约是 6 米宽、8 米长。

现在我们可以向孩子们介绍十分之一米了。使用之前在测量长度的活动中制作的 10 厘米长的卡纸条（见第 160 页），孩子们会发现，10 张卡纸条的长度正好和米尺一样长，因此每张卡纸条就是十分之一米。现在他们可以使用这些卡纸条，按十分之一米来测量物体的长度。例如，他们可能会发现 4 张卡纸条的长度和一个柜子的宽度一样，所以这个柜子的宽度就是十分之四米。有一些商店里卖的米尺，在背面一段一段地涂上了颜色，每一段的长度都是十分之一米。当我们按十分之一米来测量长度时，用这样的尺子就非常方便。孩子们可以用它来测量桌子和椅子的高度（用卡纸条来测量高度会很不方便）。

带分数　在学习分数的初始阶段向孩子们介绍带分数，老师们总是比较谨慎。但是如果孩子们发现一个物体的长度是 1 米再加十分之二米时，告诉他们这用"1 又十分之二米"来表示，他们并不会觉得难以理解。让孩子们感到困难的是用"$1\frac{2}{10}$米"这样的符号来记录长度。所以我们要推迟让孩子们学习的是这种记数法，而不是概念本身。

第四节　分数和容积

在第十三章里（见第 167 页），我们介绍过酸奶杯（用酸奶盒剪成）和可以装 10 杯水的烧瓶这两种容器。现在我们可以告诉孩子们这个烧瓶可以装 1 升水了。因为 10 杯装满一瓶，所以孩子们可以推断出一杯可以装的水量一定是十分之一升。现在他们可以用十分之一升作为单位来记录他们所测量的容积了。一个能装 3 杯水的容器，其容积一定是十分之三升。在烧瓶上按"杯"画过刻度的孩子，会发现自己是以十分之一升为单位来给这个烧瓶画刻度的。他们可以使用自己画了刻度的烧瓶，以十分之一升为单位来测量容积。（我们要鼓励他们在测量之前先估算一下容积是多少。）

孩子们可以把 1 升水平均（用眼睛看）倒在两个全等的容器里，从而得到半升水。他们可以检验每半升水是否可以填满 5 个酸奶杯，或者把水倒入带有刻度的烧瓶里，看看水面是否到十分之五的刻度处。

我想这个平底锅可以装大约 2 升水

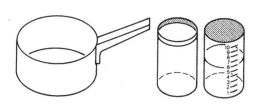

这个平底锅能装 1 又十分之六升水

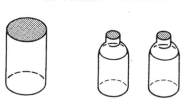

每个瓶子里装有半升水

第五节　分数和重量

在第十三章里（见第 165 页），我们讲了如何让孩子们继续以橡皮泥球为重量单位来测量。他们同时使用的还有 1 千克的砝码，每个砝码等于 10 个橡皮泥球的重量。现在我们可以告诉孩子们砝码的重量是 1 千克。因为 10 个橡皮泥球等于 1 千克的重量，所以他们就可以推断出每个球的重量是十分之一千克。现在可以让孩子们以十分之一千克为单位来估算重量并做记录了。下面我们举例说明他们的作业可以怎么记录：

	估算数	实测数	相差
一罐玉米片	十分之八千克	十分之四千克	十分之四千克
一罐鹅卵石	2 千克	2 又十分之二千克	十分之二千克

孩子们要用手拿起物体来估算重量。刚开始，他们的估算数可能会和实测数相差很大，但有了更多体验后，他们就会进步。估算重量不像估算长度那么容易。孩子们可以称出 1 千克的沙子，然后把沙子平分到天平的两个托盘中，直到它们平衡，从而得到半千克的沙子。他们还可以检验一下这半千克的沙子是否和十分之五千克一样重。

第六节　分数和时间

· · · 半分钟 · · ·

在第十三章里（见第 171 页），我们讲了孩子们如何使用一个秒表按秒来测量时间。秒针每转一圈需要 60 秒，我们给孩子们讲过，这个时间长度是 1 分钟。现在我们可以向孩子们介绍"半分钟"了。我们启动秒表，让它走 30 秒，当秒针指向 30 的时候让它停下。给孩子们几张复印的表盘图片，让他们在上面画出两条线来表示秒针走动 30 秒之前和之后的两个位置，再把秒针走过的区域涂上颜色，如下图所示。我们指着这部分向孩子们说明，这个涂色的区域正好是表盘的一半，它表示秒针走过了半圈。

那么秒针还要走多久才能指向 60 呢？通过数表盘图片上 30 到 60 之间的间隔，孩子们会发现答案是 30。因为 30+30=60，或 2×30=60。所以我们可以说 30 是 60 的一半，30 秒就是半分钟。

现在我们可以概括一下这个概念：秒针在半分钟内走了半圈。我们启动秒表，并在秒针指向 10 的时候停止，让孩子们在表盘图片上画一条线来表示这个位置。再让他们猜一猜，秒针再走半分钟后会停在哪个位置。聪明的孩子可能会从 10 往后数 30 得到答案，或者想象表盘被一条通过数字 10 的线一分为二，从而得到答案。其他孩子可能只是胡乱猜测。我们让秒针再走动 30 秒，使它停下，此时秒针指向 40。现在让孩子们在表盘图片上把这个位置画出来，并给秒针刚刚走过的区域涂上颜色，如下图所示。他们的图画显示秒针又走了半圈。可以让孩子们检验一下，看看再走 30 秒后，秒针会不会又指向 10。

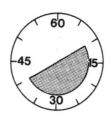

这项活动可以为孩子们以后在普通时钟上预测出半小时的间隔做好准备。对于孩子们来说，理解秒表的走动模式比看懂普通时钟更容易，因为秒针的走动是能看见的，预测也可以在很短的时间里得到验证。这项活动之后，可以让孩子们做更多的画图练习，以帮助他们预测秒针在某个数字（例如 20、25、35 等）上走过 30 秒后会指向哪里。当孩子们完成练习后，要允许他们使用秒表来检查答案对不对。

· · · 四分之一分钟 · · ·

可以用相同的方式把四分之一分钟介绍给孩子们。我们启动秒表，让它走 15 秒，同样在表盘图片上画下秒针走动前后的两个位置，再把这个区域涂上颜色，图画显示秒针走过了四分之一圈。因为 15+15+15+15=60，或 4×15=60，我们说 15 是 60 的四分之一，所以 15 秒就是四分之一分钟。画图练习能够帮助孩子们理解四分之一分钟这个概念，并为他们以后理解一刻钟打下基础。

· · · 小时和半小时 · · ·

在第十三章里（见第 173 页），我们讲了如何让孩子们学会报时，如"2 点""2 点过 10 分""2 点过 40 分"，等等。他们知道普通时钟上的分针表示过去了多少分钟，也知道在 2 点钟之后再过 60 分钟，分针又会指向数字 12。现在我们可以向孩子们介绍 1 小时的概念了。在此之前，我们并没有让孩子们仔细看过时钟上短针的走动。现在我们可以用手把分针拨动一整圈，从 2 点拨到 3 点，同时让他们注意看短针的走动。他们会发现短针从数字 2 移动到了数字 3。我们可以告诉孩子们，短针叫作"时针"，它告诉我们，从 2 点到 3 点，时间过去了 1 小时。3 点以后再过 1 小时，它会告诉我们什么呢？3 点之后再过 2 小时，时针又会指向哪里呢？多少分钟是 1 小时？60 分钟对于孩子们来说是很长的一段时间，可能长到无法和他们的任何一项活动联系起来。他们更可能形成对半小时概念的理解。

给孩子们介绍半小时的概念，可以把时钟拨回到 2 点，并让孩子们预测分针绕着钟面走动半圈后会指向哪里。它会指向 6 这个位置，而且要走 30 分钟才能到达这里，因为 30 是 60 的一半。接着我们可以让孩子们预测，当分针走了半圈后，时针会指向哪里。它会指向数字 2 和 3 的中间，因为这里表示的是 2 点和 3 点之间路程的一半。然后我们慢慢用手拨动分针，直到它指向数字 6，并检验时针是否像刚才预测的一样移动了。两根指针都走了从 2 点到 3 点的路程的一半。我们就说，时间从 2 点开始过去了半小时。现在钟面上显示的时间，可以读成"2 点过 30 分"，这是孩子们之前学过的；也可以读成"2 点半"（意思就是 2 点又过去了半小时）。我们可以把半小时和孩子们吃一顿饭的时间，或者他们喜欢看的电视节目（例如《蓝色彼得》^①）的时长联系到一起。

现在我们可以让孩子们做一些心算，把新学到的 1 小时与半小时的概念和报时联系起来。如果现在是 3 点，那么再过半小时是几点几分？再过 1 小时呢？再过 2 小时呢？再过一个半小时呢？如果现在是 4 点半，那么再过半小时是几点？再过 1 小时呢？再过一个半小时呢？如果现在是 5 点过 10 分，那么再过半小时是几点几分？再过 1 小时呢？每次心算后，都要让孩子们在钟面上把指针往后拨相应的时间，来检验算得对不对。也可以让孩子们为一些班级活动测量时间，例如一节手工课的时间（大约半小时）。

· · · 一刻钟 · · ·

介绍了半小时后，我们可以用类似的方法介绍一刻钟：把分针沿着钟面转动四分之一圈（15 分钟）。可以把一刻钟和孩子们熟悉的一些活动联系起来，例如步行上学、洗澡或者看一些电视节目。要让孩子们练习预测在某个时间点后过一刻钟是几点几分。要允许他们拨动指针来检验自己预测得对不对。

· · · 音乐的记谱法 · · ·

音乐节奏通常并不作为数学教学大纲的一部分。但是，比起月份的排列顺序和时间的长短变化（这些普遍被认为是儿童数学课程的一部分），音乐节奏中包含更多的数学概念。

一个音符的时长，从它的名称就能看出来，如四分音符、八分音符、十六分音符等。一个八分音符的时长是一个四分音符的一半，

---

① 《蓝色彼得》是英国广播公司（BBC）播放的一档历史悠久的儿童节目，1958 年开始播出，每集时长约 25 分钟。

一个十六分音符的时长是一个八分音符的一半。这些时长可以用符号来表示，如下图所示：

一首乐曲有基本的节拍，或者说固定的拍子。4/4 拍的乐曲，每一小节有 4 拍，这意味着每一小节的音符的时长相当于 4 个四分音符的总时长。你可以使用节拍器或秒表，每秒钟响一下，就当成 4/4 拍乐曲中的四分音符，轻轻打出下面的节奏。（孩子们可以使用打击乐器来演奏它们。）

音乐节奏中包含的时间概念和分数概念非常多，这一点你是否同意呢？

第七节　测量和烹饪

在烹饪中，会涉及很多测量的技能，如测量重量、容积、长度、时间甚至温度。我们还没有考虑如何教孩子们理解温度，但在让他们参与制作小圆面包的时候，可以把上述其他测量技能都用上。小圆面包的制作食谱如下：

测量出：
- 十分之二千克自发面粉
- 十分之一千克糖
- 十分之一千克人造黄油
- 十分之一千克小葡萄干
- 十分之一升牛奶

先用手指糅合面粉和黄油，然后用勺子把糖和葡萄干也搅进去，再一点点地倒入牛奶，并不断搅拌，直到形成一个软软的面团（牛奶可能不需要太多）。把面团分成大约 2 厘米高的 12 块，放到抹过油的烤盘上，再塞入烤箱里（230°C）烤一刻钟。

做本章活动所需要的器材

- 棋子等物体，做等量分配活动时用来装物体的盒子（第十章里提到过，见第 124 页）。
- 剪下来的有对称轴的图形。
- 密铺图案。
- 可以对折多次的纸条。
- 尺子。
- 每十分之一米有刻度的米尺。
- 每十分之一升有刻度（孩子们画的）的 1 升烧瓶。
- 容积为十分之一升的酸奶杯。
- 瓶子或其他容器。
- 1 千克的砝码。
- 十分之一千克的砝码（如橡皮泥球）。
- 一个秒表。
- 复印的若干表盘图片。
- 能走动的普通时钟。
- 其他指针能走动的钟。
- 简单的乐谱，最好是打击乐器的乐谱。
- 烹饪用的食材和烤箱。

给读者的建议

1. 分数和等量分配　测试一些 8 岁的孩子在做数的等量分配活动时的分数概念。问他们：如果把一袋糖平均分给① 2 个② 4 个③ 6 个④ 8 个孩子，每个孩子可以得到这袋糖的几分之几？

2. 分数和图形　测试这些孩子在做图形的等量分配活动时的分数概念。准备一些对称的图形，让他们把图形对折成原来的①二分之一②四分之一③八分之一④六分之一。再用一些密铺图案进行同样的测试。

3. 分数和长度　准备一些 12 厘米和 20 厘米长的纸条，让孩子们测量每一张纸条的长度，并预测这两种纸条的①二分之一②四分之一③三分之一（12 厘米长的纸条）④五分之一（20 厘米长的纸条）分别是多长。

4. 分数和容积　找一些孩子们熟悉的、用来作为实物单位的容器，问他们如何得到这个容器容积的二分之一。然后让他们以实物单位来估算其他容器的容积，以测试他们的估算能力。

5. 分数和重量　找一些孩子们熟悉的、用来作为实物单位的物体，问他们如何得到这个物体重量的二分之一。然后让他们以实物单位来估算其他物体的重量，以测试他们的估算能力。

6. 分数和时间　把一个时钟调到 2 点半，让孩子们读出上面显示的时间。问他们为什么把它读作"2 点半"。问他们过了半小时、一小时后，时钟上面显示的分别是什么时间。让他们想一想，做什么事情大概需要半小时。

第十六章 ｜　　　统计图表

　　统计图表是用于体现两个或两个以上数量关系的图。在第三章和第四章里，我们讲过孩子们如何做出并看懂表示两个量（例如坐在一张桌子旁的男孩和女孩的数量）之间关系的条形图[①]。本书中出现的许多图都可以认为是条形图。下面我们来讲讲孩子们在绘画表征阶段初期，如何积累和发展他们对图表的体验。

---

① 条形图是统计图的一种。

第一节　条形图

从 5 岁起，孩子们就可以用条形图来表示他们在很多方面的发现，例如自然探索中的发现、科学观察的结果、班级调查、测量结果、交通调查等。图中包含的类别一开始要限制在两种，然后根据情况逐步增加。每种类别统计的数量一开始不要超过 10 个，随着孩子们熟悉的数越来越多，可以再增加。下面这幅"我们养的宠物"条形图，包含 6 种类别，总数量为 36 个。孩子们在收集这幅图的信息时，可以用画"5 条杠"（第 5 条杠和前 4 条相交）[①] 的形式，对他们养的每种宠物的数量进行统计。在画条形图的时候，就可以 5 个 5 个地数这些"杠"。

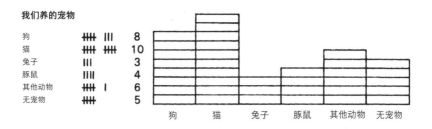

这种条形图可以用火柴盒、卡片摆出来，或者在方格纸上涂出彩色的长方形来表示，每一列都要从底部往上涂。当完成这幅图后，要让孩子们讨论它所呈现的信息。班级里的孩子养了几只狗？哪一种宠物最常见？多少孩子没有养宠物？狗比兔子多几只？全班一共养了多少只宠物？为什么图中长方格的数量比孩子的数量多呢？（这表明有一些孩子养了不止一只宠物。）如果孩子们是因为喜欢宠物而制作这

①"5 条杠"即图中"卌"这个符号，类似于我们计数时画"正"字。

幅图的话，那么上面这些问题会引起他们的兴趣。

还有一些主题可以激发孩子们画此类条形图的兴趣，如：

我们喜欢的电视节目（按《猫老大》《蓝色彼得》等来分类）。

我们出生的月份（按1月、2月等来分类）。

5月的天气（按晴、雨、阴、变化不定来分类）。

课间休息时经过学校的汽车（按卡车、小汽车等来分类）。

一本书里某一页中的元音字母（按a、e、i、o、u来分类）。

测量类的活动。

下面是一项关于称重活动的统计，用条形图来表示：

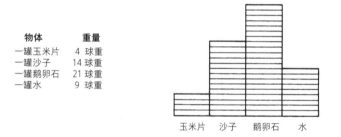

物体	重量
一罐玉米片	4 球重
一罐沙子	14 球重
一罐鹅卵石	21 球重
一罐水	9 球重

玉米片　沙子　鹅卵石　水

· · · 形态有意义的条形图 · · ·

到目前为止，我们所讲过的条形图中，每种类别的顺序都是随意排的。例如，在上一页"我们养的宠物"这幅条形图中，"兔子"排在"豚鼠"前面就没有什么特别的意义。然而，在某些条形图中，每种类别的前后顺序是有逻辑性的。假设要画一幅条形图来表现每个家庭中孩子的数量，我们收集到了下面这些信息：

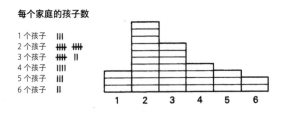

每个家庭的孩子数

1 个孩子　III
2 个孩子　IIII IIII
3 个孩子　IIII II
4 个孩子　IIII
5 个孩子　III
6 个孩子　II

　　这幅图中类别的顺序就是有逻辑的，是按照孩子的数量，即 1
个孩子、2 个孩子、3 个孩子这样依次排列的。像这样的图，其形
态就具有一定的意义，从而引起我们的注意。（这幅图在 2 个孩子
的位置出现一个峰值，往右逐渐下降。大部分"每个家庭的孩子数"
条形图的形态都与之类似。）可以让 8 岁的孩子画一些别的条形图，
并解释其形态的意义，例如：

　　孩子们的鞋码。

　　孩子们学会的乘法表。

　　孩子们的身高（5 厘米为一档，取最接近的那一档）。

　　足球比赛中的得分数。

　　两颗骰子掷出的点数。

　　下面我们来详细讨论其中的两个主题。

·　·　·　孩子们学会的乘法表　·　·　·

　　在孩子们学习乘法表期间，随时可以用条形图来统计他们的学
习情况。他们是否学会了某个乘法表，其标准可以是能否把这个乘
法表背出来，也可以是能否在抽查提问中得满分。无论按照哪种标
准来统计，在一段时间（例如一个学期）里，学会某个乘法表的孩
子的数量肯定会增加。可以在学期开始时画这样一幅图，在学期结
束时画另一幅图，这样就可以记录孩子们进步的情况。这幅图里的

类别（各乘法表）顺序可以按照老师教乘法表的顺序来排列。下面是一个例子：

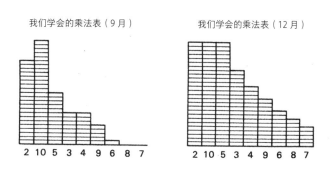

这些图的形态必然和"每个家庭的孩子数"条形图类似，往右逐渐下降（在每个孩子学习乘法表的顺序都相同的前提下）。对比两幅条形图我们就能看出，"2""10""5"的乘法表比后面的学起来要容易一些，还能看出孩子们一个学期以来进步的地方在哪里。每个孩子的成绩都体现在图上，但没有写他们的名字，因为不需要显示出哪个孩子学得慢。这些图体现的是班级整体的成绩，而不是孩子们个人的成绩。

· · · 孩子们的鞋码 · · ·

大部分8岁的孩子都知道自己的鞋码。由于鞋码和脚长有关，所以即便谁的鞋子上没有码，也很容易通过测量他的脚长来获得。孩子们可以根据鞋码，用画"5条杠"的形式记录数据，其结果可能类似于下一页的例子：

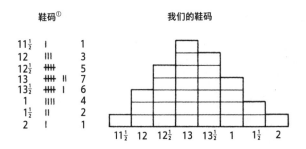

可以让孩子们讨论这幅"我们的鞋码"条形图的形态，注意到它有点对称，看起来像一座山，山峰靠近中间部位。这说明大部分孩子的鞋码都接近于中间区域，离中间越远，穿这个鞋码的孩子就越少。孩子们可以讨论一下，别的班级的孩子或成人的鞋码条形图，是否也是类似的形态。（事实上，这种条形图的形态类似于统计学上称之为"正态分布"的图。一个班级里年龄相仿的孩子，其身高、体重和智商等的条形图也差不多是这样的形态。）

---

① 这是英国的童鞋鞋码，与我国的鞋码标准不同。

第二节 方格图上的区域

方格图是纵横交错排列起来的方格网。制作数字阵列，如"50数字阵列"、百数表，都会用方格图来呈现。孩子们用方格图做作业的时候，注意力会集中在它的纵列和横排上。现在我们希望孩子们把注意力放到方格图本身，教他们给图中的正方形匹配"地址"，就像我们看地图时那样。这项活动除了有助于孩子们学习看地图外，对于他们以后利用坐标来绘图也很有帮助。地图上方格形的各区域的标记方法各不相同，有的用字母，有的用数字；有的从上往下标，有的从下往上标。考虑到以后要学习绘图，我们选择从下往上进行标记的方式，并且为了清楚地区分行和列的标记，我们用字母标记列，用数字标记行。下面的方格图就是用这种方式标记的：

我们可以把一些图片放到方格图中（如上图所示），让孩子们看，从而教他们如何进行标记。这些图片有两种分类标准：家庭角色和颜色。我们可以让孩子们找出所有代表"妈妈"的图片，它们都在标记"A"的这一列中。同样地，再找出代表"爸爸"和"宝宝"的图片所在的列。

接着我们来看行。黑色家庭成员在标记"1"的这一行，白色

家庭成员在标记 "2" 的这一行，灰色家庭成员在标记 "3" 的这一行。现在我们拿走 6 张图片，让每一行每一列都只剩下一张图片（如下图所示），然后让孩子们把这 6 张图片放回去。我们要把 "白色妈妈" 放到哪里呢？她应该去 A 列，这一列是 "妈妈" 所在的列；她还必须在第 2 行，这一行是白色家庭成员所在的行。因此，"白色妈妈" 所在的 "地址" 就是 A2。当孩子们把每一张图片放回原来的方格时，我们都赋予这个方格一个 "地址"：字母在前代表列，数字在后代表行。（一般地图上标记某个区域也是遵循这样的方式。）

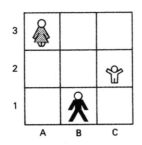

当所有的图片都被放回原来的方格，这些方格也被赋予了 A2、B2、B3 这样的名字后，可以重新摆放这些图片，让孩子们再玩一次这个游戏。接下来，还可以让孩子们做 "黑板上的圈叉" 游戏①。游戏中，孩子们要说出希望画上圈或叉的方格名称（如 A2、B2 等），然后由老师或其他孩子来画。

游戏结束后，可以使用复印的方格纸做书面练习。下面是一些例子：

---

① 这个游戏用 3×3 方格来玩。游戏双方轮流画图案，一人画圈，一人画叉。谁先把 3 个圈（或叉）画成一条直线，谁就获胜。画的时候，还要注意及时占位，防止对方连线。

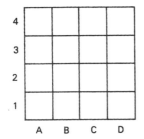

把 A 列的方格涂上红色。
把 2 行的方格涂上黄色。
写出这些方格的颜色：A4、B2、C3、A2。

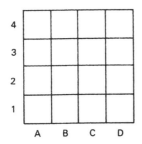

找一个朋友玩这个游戏。这是一幅海洋图。
你有 6 艘船，把它们画在这幅图的 6 个方格
里，使它们组成一个长方形。
你的朋友需要找出这些船在哪里，但是不能
看这个方格图。他可以报出一个方格的名称，
你在这个方格里做上标记，然后告诉他这个
方格里有没有船。他至少要报几个方格的名
称才能把 6 艘船都找出来呢？

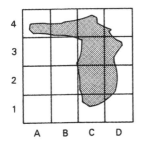

"秘密岛" 这是一幅秘密岛的地图。回答
这个问题："救命！我被困在 B2，你会坐车
还是坐船来救我呢？"然后告诉约翰和蒂姆
应该怎么做。
约翰在 C1，他要走路去 B4，告诉他应该穿
过哪些方格。
蒂姆在 C1，他要坐船去 B4，告诉他应该穿
过哪些方格。

　　"填图游戏"要用到较大的方格图。为此，我们需要一幅简单的、
通过填满方格就能显示出来的图画。（可以从编织图案中寻找设计
这种图画的灵感。）孩子们要按照要求来涂色，下面是一个例子：

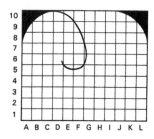

要涂色的方格是：A1、B1、B2、B3、B4、B7、C1、C2、C3、C4、F1、F2、G1、G2、H1、H2、I1、I2、J1、J2。

另一个很受孩子们欢迎的游戏是制作密码。我们把字母像下图这样排列在方格图中，孩子们可以用它发出这样的密报：C4 A4 G3 D1 A2 G2 C4 A2 F3 E4 F2 A2 F3 D1 B2 A4 D2 F2 D1 G1[①]。

	A	B	C	D	E	F	G
4	a	b	c	d	e	f	g
3	h	i	j	k	l	m	n
2	o	p	q	r	s	t	u
1	v	w	x	y	z	.	?

你可能已经注意到，到目前为止，和方格图上的区域有关的活动，我们唯一没有建议孩子们做的，就是那些涉及条形图的活动。事实上，用每行每列都有标记的方格图来画条形图，确实很实用。根据每一列上的数字，我们很容易确定某种类别在图中所占的高度是多少。（例如，制作第 217 页"我们学会的乘法表"条形图时，如果用数字 1 到 26 标示各行，那么画起来就很容易了。）不过，让孩子们学习方格图的主要目的还是为以后学习绘图打好基础。

---

① 根据这些方格的"地址"，我们可以找到与之对应的字母，它们组成了一句话："Can you come to my party？（你能来我的派对吗？）"我们也可以用汉语拼音来玩这个游戏。

做本章活动所需要的器材

·火柴盒、棉线卷、用来制作条形图的正方形贴纸。

·画条形图用的方格纸和尺子。

·1 张 3×3 的方格图，能放到方格里的 9 张图片。

·复印的多张 4×4 的方格图，用于各类活动。

·复印的用来玩"秘密岛"和"填图游戏"的图画。

给读者的建议

1. **条形图** 第 213 页上说："本书中出现的许多图都可以认为是条形图。"请找出几幅这样的图来。

2. **条形图的形态** 测量你的身高，5 厘米为一档，取最接近的那一档。（例如：身高在 157~162 厘米之间，记录为 160 厘米；身高在 162.5~167 厘米之间，记录为 165 厘米。）再以同样的测量方法，收集 20 个和你同性别的成人的身高，然后做成条形图。你做的条形图的形态是否接近于"正态分布"呢？

3. **掷骰子统计** 用小正方体做两颗骰子，在其六个面上写上 1、1、2、2、3、3。如果用这两颗骰子来替代一颗六个面是 1、2、3、4、5、6 的普通骰子，那么你掷出来的点数不可能是"1"，而是 2 到 6 之间的任意一个数。你是否觉得，用这两颗骰子掷出点数为"6"的概率比用一颗普通骰子掷出点数为"6"的概率高？用这两颗骰子掷 36 次，把结果记录下来，然后画成条形图（点数类别按 2、3、4、5、6 这样的顺序排列）。

4. **方格图上的区域** 研究几张地图，看看它们都是用什么方法来标记各区域的。

　　5. 方格图上的区域　给几个 7 岁和 8 岁的孩子看各种方格图，如 6×5、7×4、8×3 等。问他们每幅方格图中有几个方格（注意他们是一个一个地数方格还是只数了行数和列数）。在其中一幅方格图上标记行和列，测试他们能否按照你的提示找到相应的方格。

第十七章 | 超过 100 的数

这是一种印度人发明的巧妙方法，用 10 个符号通过赋予它们位值来表示所有的数。这个想法很妙，很重要，看起来也很简单，正因为如此，我们没有充分认识到它的价值。

——拉普拉斯，1796 年

前面我们讲过，数字系统是建立在"10"的基础上的，一个数中的每个数字所在的数位决定了它所表示的数值是多少（"位值"）。通过用语言和符号来描述 11 到 99 的数，以及用结构化教具来表示这些数，孩子们初步获得对位值概念的认识。例如"65"这个数，意思是 6 个 10 加 5，其中"6"表示 6 个 10，"5"表示 5 个 1。当我们给孩子们介绍百位数的时候，就要扩展他们对位值概念的理解。在"222"这个数中，第二个"2"所表示的数值是第三个"2"的 10 倍。同理，第一个"2"所表示的数值是第二个"2"的 10 倍。让孩子们把 100 和 10 个 10 联系到一起是非常重要的。

第一节　100 到 200 之间的数

给孩子们介绍这些数时，我们可以使用孩子们已经熟悉的结构化教具，例如把 10 颗棋子装到一个袋子里，把 10 根小棒扎成一捆。原来我们使用的可以相互拼插的正方体，现在可以用一些小一点的教具来替代，包括 1 厘米见方的小方块（表示"个"），10 厘米长、和 10 个小方块一样大的方棒（表示"十"），以及和 100 个小方块或 10 条方棒一样大的方形板（表示"百"）。如果商店里买不到这样的教具，可以把卡纸裁成 1 厘米见方的小正方形，10 厘米长、1 厘米宽的纸条和 10 厘米见方的大正方形，它们也是适用的。

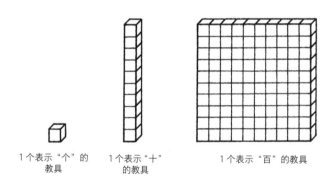

1 个表示"个"的教具　　1 个表示"十"的教具　　1 个表示"百"的教具

我们使用各种 10 个一组的教具来介绍这些数，每一种都拿出 10 组来，10 个 10 个地数："10、20、30……"

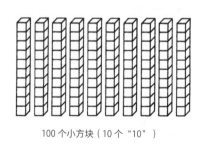

100 个小方块（10 个"10"）

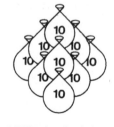

100 颗棋子（10 袋，每袋 10 颗）

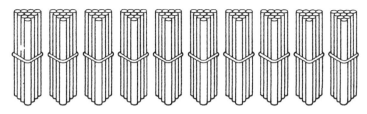

100 根小棒（10 捆，每捆 10 根）

在这个阶段，要让孩子们看到，10 个表示"十"的教具和 1 个表示"百"的教具是一样的。以后，可以用 10 个"十"或 1 个"百"来表示 100。

· · · 一百几十的数 · · ·

我们按 10 个一组，摆好了 100 个小方块（或棋子、小棒）后，可以再拿一组这样 10 个一组的物体，放在这 100 个物体旁边。现在我们摆出了 110 个物体。我们可以继续增加这样 10 个一组的物体，就摆出了 120 个、130 个等。每次增加这样一组物体后，我们都可以从 100 开始，10 个 10 个地数："100、110、120……"最后，当我们增加了 10 组"10"的时候，就能看到在原有物体的基础上增加了100 个，所以一共摆出了 200 个物体。

在使用教具（上文中的小方块、棋子或小棒）完成这些口头作业（经历了四个步骤里的"体验"和"语言"）后，孩子们就可以学习用符号来表示这些数了。为此，我们可以使用一些数字卡片（与第十一章所说的类似，见第 134 页），以及一张较宽的写有"100"的数字卡片。先用相应的数字卡片分别表示摆好的两部分教具，然后把卡片叠加起来，以显示和全部教具相应的数字，如下一页图片所示：

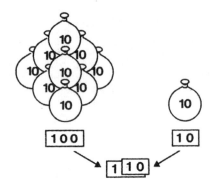

虽然现阶段不指望孩子们能理解这些数字中的位值的意义，但我们希望他们明白，这些数字和他们熟悉的数字有关联：120 是在"20"前面加了一个"1"，这个"1"代表的是 100；120 也可以看成 12个 10。在这个阶段，要让孩子们做一些简单的计算（如果他们想使用教具，就让他们用），并练习书写这些新数字，如下所示：

12 个 10 是____   120＋20＝

18 个 10 是____   140＋50＝

100＋30＝   120－20＝

100＋80＝   150－30＝

···从 111 到 199 的数字···

接下来我们可以介绍从 111 到 199 的数和数字了。（从 101 到 109 的数字最难理解，稍后我们再讨论。）我们拿出一个表示"百"的、几个（例如 2 个）表示"十"的和几个（例如 3 个）表示"个"的教具，开始计数："100、110、120、121、122、123。"我们用相应的数字卡片分别表示三部分的教具，然后把卡片叠加起来，以显示和全部教具相应的数字，如下一页图片所示：

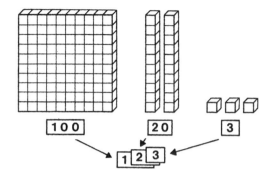

现在我们可以告诉孩子们，123 的意思是 1 个 100，加上 2 个 10，再加上 3 个 1。这是他们理解三位数中每个数字的位值的关键一步。在这个阶段，要让孩子们做一些简单的计算（如果他们想使用教具，就让他们用），并练习书写这些新数字，如下所示：

$$100+20+3= \qquad 24+50= \qquad 78-\ 5=$$
$$100+50+9= \qquad 124+50= \qquad 178-\ 5=$$
$$24+5= \qquad 24+52= \qquad 78-50=$$
$$124+5= \qquad 124+52= \qquad 178-50=$$

· · · 从 101 到 109 的数字 · · ·

100 到 199 之间的数字中，101 到 109 相对来说更难理解，因为这些数字的中间有一个占位符"0"。如果我们在写"102"的时候不写这个"0"，那么数字"1"就不能表示 100 了。符号"0"使得"1"在它应该的位置上。我们可以像下一页第一幅图片所示这样，利用教具和数字卡片来帮助孩子们学习读写从 101 到 109 的数字。我们可以告诉孩子们，102 的意思是 1 个 100，没有 10，再加上 2 个 1。

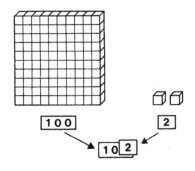

当孩子们学完 100 到 199 之间所有的数字后，他们可以像下图这样在方格纸上制作一张表。让孩子们自己制作这张表是很有用的练习，因为按顺序写数字能让他们回忆起数字的顺序。孩子们可以拿这张表和百数表进行比较，会发现它们有相似的规律。他们可以利用这张表做一些简单的心算，例如计算 134+4、134+10、134+20。他们也可以从一些超过 100 的数中寻找乘法表的规律。他们会看到，在百数表中所呈现出来的规律，如关于 2、5、10 的规律①，会继续存在于下面这张表中。他们还可以利用这张表找到一本书的某一页、某首

101	102	103	104	105	106	107	108	109	110
111	112	113	114	115	116	117	118	119	120
121	122	123	124	125	126	127	128	129	130
131	132	133	134	135	136	137	138	139	140
141	142	143	144	145	146	147	148	149	150
151	152	153	154	155	156	157	158	159	160
161	162	163	164	165	166	167	168	169	170
171	172	173	174	175	176	177	178	179	180
181	182	183	184	185	186	187	188	189	190
191	192	193	194	195	196	197	198	199	

① 这里所说的规律是，沿着百数表 2 个 2 个地数（或 5 个 5 个地数，10 个 10 个地数），每数到第 2 个（或第 5 个、第 10 个）数字，就给方格涂上颜色，这些涂色格子会呈现出某种规律来。

赞美诗的编号，或者把一组数字（如 109、150、135、172）按顺序排列，或者玩"猜数"的游戏。下面是一个"猜数"游戏的例子：

"我的神秘数在 100 到 199 之间。"

"它比 150 大吗？"   "不是。"

"它比 130 大吗？"   "是的。"

"它比 140 大吗？"   "不是。"

"它比 135 大吗？"   "不是。"

"它比 132 大吗？"   "不是。"

"它是 131 吗？"   "不是。"

这样一步步问下去，就可以猜到这个神秘数了。

在长度测量上的应用 如果把两把 1 米的尺子接起来，我们就有了 200 厘米的一段长度。孩子们可以挨着两把尺子，把一些 10 厘米的纸条接起来，看看 10 张纸条的长度是不是 100 厘米，12 张纸条的长度是不是 120 厘米，等等。这是从长度方面来加深孩子们对"12 个 10 是 120"的理解。

我们可以给孩子们介绍卷尺这样的测量工具。他们可以挨着两把尺子把卷尺拉出来，看看刻度能否对上。可以把卷尺垂直贴在墙上，测量孩子们的身高。让一个孩子把尺子平放在另一个孩子的头顶，并和墙上的卷尺接触，由此读出卷尺相应位置上的数值。在第十六章里（见第 216 页），我们提到孩子们可以把身高数据做成一张条形图，身高的记录以 5 厘米为一档，取最接近的一档。如果身高条形图中的类别是 115 厘米、120 厘米、125 厘米等，那么 118 厘米将会记作 120 厘米，122 厘米也同样记作 120 厘米。

卷尺的其他用途，我们会在第十九章里再讨论。

第二节　199 以内的加减法

在第一节里，我们已经列举了一些简单的加减法的例子，现在来讨论进位和退位的加减法，如 70+40、46+83、120-50、127-35。我们根据其难度，把它们分成不同类型。

· · · 整十数的加减法 · · ·

当我们做 70+40 这样的加法时，可以这样推想："7 加 4 是 11，所以 7 个 10 加 4 个 10 是 11 个 10，11 个 10 是 110。"一些孩子可能需要教具来帮助他们理解。拿出 7 个表示"十"的教具，再加上 4 个表示"十"的教具，就能看到总共是 11 个表示"十"的教具。然后用下面这样的算式来记录：

7+4=11，所以 70+40=110

当我们做 120-50 这样的减法时，可以这样推想："12 去掉 5 是 7，所以 12 个 10 里面去掉 5 个 10 是 7 个 10，7 个 10 是 70。"我们要鼓励孩子们做这样的心算，并且用下面这样的算式来记录：

12-5=7，所以 120-50=70

· · · 两位数的进位加法 · · ·

当我们做 46+83 这样的加法时，可以这样推想："40 加 80 是 120，6 加 3 是 9，120 加 9 是 129。"结构化教具可以帮助孩子们做这样的计算，让他们先口算，然后再笔算。笔算的时候，在每一列上方标记"百""十""个"，明确每个数字写在什么位置上，这对孩子们做计算很有帮助。

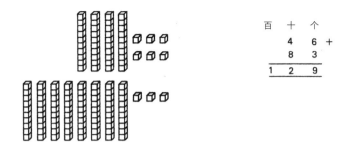

计算 49+83 比做上面这道题要难一些。我们可以这样推想："40加 80 是 120，9 加 3 是 12"，然后再把 120 和 12 加起来。大多数孩子做这种心算之前，要有大量用教具来操作的体验。把 10 个表示"个"的教具换成 1 个表示"十"的教具，在笔算中，就是在十位这一列的答案位置下面写一个"1"[①]。

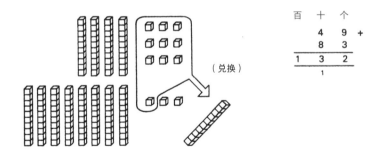

要鼓励孩子们根据他们的计算来编故事，如果能和解决实际问题联系起来就更棒了。例如，他们发现椅子的高度是 49 厘米，箱子的高度是 83 厘米，就能预测出把箱子放到椅子上，箱顶离地面的高度是 132 厘米，然后可以用垂直贴在墙上的卷尺来检验预测得对不对。

①这里进位加法的竖式写法和我国小学教科书上的写法不一样，详见第 177 页所注。

···· 两位数的退位减法 ····

当我们做127–35这道题时，可以这样推想："12个10去掉3个10是9个10，7去掉5是2，所以答案是92。"大多数孩子做这种心算之前，要有大量用教具来操作的体验。

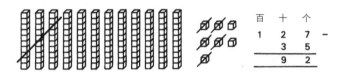

计算127–38比做上面这道题要难一些。假设这样推想："12个10去掉3个10是9个10"，那就要碰上"7去掉8"这样的情况了，在现阶段这是没有意义的[1]。使用结构化教具，孩子们会发现，把1个表示"十"的教具换成10个表示"个"的教具，就能去掉8个了。下面是教具的操作示范和对应的算式[2]：

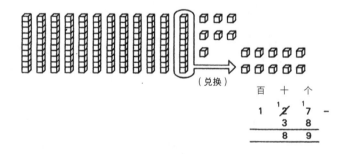

---

① 作者是说，在学习负数之前，这种计算对孩子们来说没有意义。
② 退位减法的竖式写法也和我国小学教科书上的写法不一样。我们是把符号"–"写在减数的左侧；
个位（或十位）如果向上借1位，则在十位（或百位）上的数字上方标一个小点。下同。

根据这道题，我们可以编一个这样的故事："孵蛋器里有 127 个鸡蛋，今天孵出了 38 只小鸡，还有 89 个蛋要孵。"

这一节里我们没有强调位值概念，而是强调了要把 100 和 10 个 10 联系起来，把 120 和 12 个 10 联系起来，等等。我们建议孩子们在笔算的时候，在竖式上方标记"百""十""个"。不过到目前为止，在百位上我们除了"1"以外，还没有写过其他数字。当我们给孩子们介绍大于 199 的数时，就可以说出 999 以内的数字中位值的全部意义了。

第三节 999 以内的数

当孩子们已经熟悉 199 以内的数和数字后，就很容易把他们的认知扩展到 999 以内的数。介绍这些数，使用第 226 页所介绍的表示"个""十""百"的结构化教具要比使用其他教具方便得多。下面我们分步来介绍这些数。

整百数 我们先来介绍 200、300 等数字。拿出 2 个表示"百"的教具，让孩子们明白它们和 200 个单个的小方块是相等的，然后告诉他们，表示这个数的数字是 200。同时，我们可以取出 20 个表示"十"的教具，让孩子们明白它们可以换成 2 个表示"百"的教具，从而理解"20 个 10 就是 200"。同理，我们可以用类似的方法来介绍 300、400 等，直到 900。

孩子们可以用这些数做一些简单的口算和笔算，例如：

$$30 \text{ 个 } 10 \text{ 是}\underline{\quad\quad} \qquad 200+300= \qquad 400-100=$$

$$50 \text{ 个 } 10 \text{ 是}\underline{\quad\quad} \qquad 400+500= \qquad 700-300=$$

几百几十的数 我们拿出 3 个表示"百"的和 2 个表示"十"的教具，它们相当于 3 组 100 个的小方块再加上 20 个小方块，或者 320 个小方块。我们告诉孩子们，就像"一百二十"用数字"120"来表示一样，"三百二十"用数字"320"来表示。让孩子们明白 320 和 300+20 的关系，以及 320 和 32 个 10 的关系，这是非常重要的。让孩子们口算和笔算的时候，都要强调这样两种关系：

$$300+20= \qquad 32 \text{ 个 } 10 \text{ 是}\underline{\quad\quad}$$

$$600+40= \qquad 64 \text{ 个 } 10 \text{ 是}\underline{\quad\quad}$$

几百几十几的数 现在到了要重点讲位值的时候了。我们可以用结构化教具来表示任何一个 999 以内的数。让孩子们取出一些分别表示几个"百"、几个"十"和几个"个"的教具，然后说出它们所表示的数，再把相应的数字写出来。在这个阶段，我们可以介绍算盘给孩子们认识。算盘是一种古老的计算工具，由三根杆组成，杆上穿有表示"百""十""个"的珠子①。下面是一个例子：

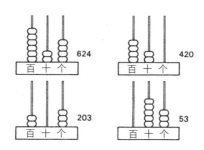

把 200 到 999 之间的数都显示出来给孩子们看，这不太现实，因为太多了。我们可以换一种方式，按顺序写出几个数，然后让孩子们接着写下去：

316，317，318，＿＿，＿＿，…

297，298，299，＿＿，＿＿，…

499，500，501，＿＿，＿＿，…

我们可以让孩子们从一本厚书（例如字典）里找出第 504 页，从一组板球②得分（例如 302、290、288、315）中找出最高分和最

————————

① 作者这里所介绍的算盘，并非我们所熟知的传统算盘，而是类似于小学生所使用的计算架。

② 板球，又称木球，是一项起源于英国的团体运动。

低分；也可以让孩子们从某个数（例如 400）开始，2 个 2 个地数，思考他们数出的所有的数是偶数还是奇数；还可以让孩子们想一想哪些事物的数量级是几百几百的（学校里的孩子数，街道上的房子数，一本书的页数，一年中的天数，电影院的座位数，等等）。

第四节　999 以内的加减法

大多数 999 以内的加减法我们都很难通过心算做出来，因为在运算过程中要记住的步骤太多了。使用结构化教具或算盘可以帮助孩子们掌握计算的技能：先算个位，然后算十位，最后算百位。做 193+227 这道题，使用结构化教具，可以这样操作：拿出 1 个"百"，9 个"十"，3 个"个"，再拿出 2 个"百"，2 个"十"，7 个"个"；然后，（1）把 10 个"个"换成 1 个"十"，（2）把 10 个"十"换成 1 个"百"，（3）计算总数，即 4 个"百"，2 个"十"，没有"个"。

使用算盘，可以这样操作：在"百"位上放 1 颗珠子，"十"位上放 9 颗珠子，"个"位上放 3 颗珠子；然后，（1）在"个"位上加 7 颗珠子，再把这 10 颗珠子取出，换成 1 颗放到"十"位上，（2）在"十"位上加 2 颗珠子，再把其中的 10 颗珠子取出，换成 1 颗放到"百"位上，（3）在"百"位上加 2 颗珠子，然后计算总数，即"百"位上 4 颗珠子，"十"位上 2 颗珠子，"个"位上没有珠子。

不管用哪种方式，上述运算都可以用下面的竖式来表示：

$$
\begin{array}{r}
\text{百 十 个} \\
1\ 9\ 3\ + \\
2\ 2\ 7 \\
\hline
4\ 2\ 0 \\
\scriptstyle 1\ \ 1
\end{array}
$$

要鼓励孩子们像以前一样，根据他们的计算来编故事，例如："蒂姆的一本集邮册中有 193 张邮票，另一本中有 227 张邮票，所以他一共有 420 张邮票。"

减法比加法复杂很多。要让孩子们使用结构化教具或算盘来帮助他们掌握笔算的技能：先算个位，然后算十位，最后算百位。做

324-176 这道题，使用结构化教具，可以这样操作：取出 3 个 "百"，2 个 "十"，4 个 "个"；然后，（1）把 1 个 "十" 换成 10 个 "个"，并从中拿走 6 个 "个"，（2）把 1 个 "百" 换成 10 个 "十"，并从中拿走 7 个 "十"，（3）拿走 1 个 "百"，然后计算剩余的有多少，即 1 个 "百"，4 个 "十"，8 个 "个"。我们也可以用算盘来做这道题。不管用哪种方式，上述运算都可以用下面的竖式来表示：

$$
\begin{array}{r}
\text{百 十 个} \\
2\ ^1 1 \\
\cancel{3}\ \cancel{2}\ ^1 4\ - \\
1\ 7\ 6 \\
\hline
1\ 4\ 8
\end{array}
$$

要鼓励孩子们像以前一样，根据他们的计算来编故事，例如："我们学校有 324 个孩子，幼儿园有 176 个孩子，所以我们学校比幼儿园多 148 个孩子。"

在减法中，当被减数的十位是 "0" 的时候，计算起来就更复杂了。这种情况下，要先把 1 个 "百" 换成 10 个 "十"，然后才能拿其中 1 个 "十" 换成 10 个 "个"。当孩子们学着不再依赖教具的时候，他们会发现把 300 看成 30 个 10 会很有帮助：把其中 1 个 10 换成 10 个 1 后，还剩下 29 个 10。

$$
\begin{array}{r}
\text{百 十 个} \\
2\ ^1 9 \\
\cancel{3}\ \cancel{0}\ ^1 1\ - \\
1\ 7\ 6 \\
\hline
1\ 2\ 5
\end{array}
$$

（相关的故事："在掷飞镖游戏中，你必须得 301 分。如果已经得了 176 分，那么你还需要得 125 分。"）

第五节　表外乘法

在第十四章里（见第 192~193 页），我们讲过如何教孩子们用他们已经学到的乘法分配律来计算表外的乘法。在那个阶段，孩子们只做得数小于 100 的乘法题。现在则没有这个限制了，可以做 26×4 这样的题。26×4 的常规算法是把它拆分成 $20 \times 4 + 6 \times 4$。不过到目前为止，我们还没有讲过如何计算 20×4，这必须在计算 26×4 之前就解决。

·　·　·　一位数乘 20、30、……90　·　·　·

请思考这样一个问题：如果你买了 4 袋钉子，每袋 20 颗，一共有多少颗钉子呢？我们可以通过计算 4×20 来解答，推理如下：

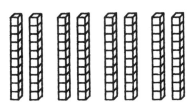

$$4 \times 20 = 4 \times 2 \text{ 个 } 10 = 8 \text{ 个 } 10 = 80$$

这个推理中隐藏着一种乘法的性质，可以用下面这样的形式表示出来：

$$4 \times (2 \times 10) = (4 \times 2) \times 10$$

这种性质叫"乘法结合律"。通过上图这种形式，孩子们很容易就能理解其意义，掌握起来也不会很困难。熟悉乘法交换律（见第 187 页）的孩子，明白了 $4 \times 20 = 80$ 后，就能推断出 $20 \times 4 = 80$。

孩子们在计算 26×4 之前，要做大量这类的练习，例如 4×20、20×4、3×60、60×3 等。

· · · 一位数乘两位数 · · ·

26×4 这道题，我们可以用第十四章所讲的方法（见第 192 页）来做。一开始，要让孩子们使用这一章所建议的方式（如果他们已经熟悉了这种方式的话）来记录他们的计算。但是，当他们的计算能力获得一定的发展后，就要鼓励他们使用更简便、更通用的方式了。

$$
\begin{array}{r}
\text{百 十 个} \\
20 \times 4 = \quad 8\,0 \\
6 \times 4 = \quad 2\,4 \\
\hline
26 \times 4 = \quad 1\,0\,4
\end{array}
\qquad \text{由} \qquad \text{到} \qquad
\begin{array}{r}
\text{百 十 个} \\
26 \times \\
4 \\
\hline
1\,0\,4 \\
{\scriptstyle 2}
\end{array}
$$

孩子们要像以前一样，根据他们的计算来编故事。根据 26×4 可以这样编："26 辆小汽车有 104 个轮子。"根据 3×60 可以这样编："3 小时相当于 180 分钟。"如果孩子们还能编出"如果剧院里每排有 26 个座位，4 排就是 104 个座位"，或者"60 辆三轮车一共有 180 个轮子"，那就说明他们已经理解了乘法交换律。

第六节　除　法

在第十四章里（见第 192~193 页），我们讨论了表外的等量分组的题，例如 52 张卡片，4 张一组，可以分成几组。现在我们来考虑 999 以内的数如何进行等量分配和等量分组。大多数孩子觉得除法比乘法难，因此在这个阶段介绍除法，我们最好按照难易程度来逐步进行。由于除法的计算是先从百位开始，然后是十位，最后是个位，所以我们第一步只做整百数的除法。

·· · 整百数的等量分配和等量分组 · ··

思考下面两道题：

（1）把 600 颗土豆平均分到 3 个箱子里，每个箱子里有多少颗土豆？（或算出 600 颗土豆的三分之一是多少。）

（2）600 个物体，3 个一组，可以分成几组？

假设有 6 袋土豆，每袋 100 颗，很容易想象如何把这 6 袋土豆平分到 3 个箱子里。下面这幅画可以帮助孩子们展开想象。

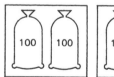

600=3 × 200

每个箱子里有
200 颗土豆

对于第二题，如果真正地把 600 个物体按 3 个一组来分，那这个任务也太艰巨了。但是我们已经知道 600=3 × 200，又熟知乘法交换律，就可以推断出 600=200 × 3。通过优先考虑等量分配，第二题也就间接做出来了。

· · · 几百几十的数的等量分配和等量分组 · · ·

思考下面两道题：

（1）把120张邮票平均分给3个人，每个人能得到多少张邮票？（或算出 120 张邮票的三分之一是多少。）

（2）120 个物体，3 个一组，可以分成几组？

和前面一样，等量分配的题比等量分组的题容易想象和操作些。结构化教具可以引导孩子们最终学会常规的算法。当他们拿出 1 个表示"百"的和 2 个表示"十"的教具时，会发现"百"不能被平分，必须换成 10 个"十"。这样他们就有了 12 个"十"，就可以平均分给 3 个人。12 个"十"平分为 3 组，每组 4 个"十"，意味着 $120=3\times40$，所以每个人能得到 40 张邮票。

通过优先考虑等量分配，第二题也就间接做出来了。因为 $120=3\times40$，同样我们也知道 $120=40\times3$，所以 120 个物体，3 个一组，可以分成 40 组。

如果我们要把 420 个物体平均分成 3 组，则比之前的题要复杂一些。当孩子们拿出 4 个表示"百"的和 2 个表示"十"的教具时，他们会发现 3 个"百"可以马上平分好，剩下的 1 个"百"则需要再分。接下来就和上面第一题是一样的分法了。由于涉及更多步骤，孩子们可以用下面的方式来记录他们的计算：

```
百 十 个
4 2 0  −
3 0 0           300 = 3 × 100
───────
1 2 0  −
1 2 0           120 = 3 ×  40
───────
      0         420 = 3 × 140
```

· · · **几百几十几的数的等量分配和等量分组** · · ·

思考下面两道题：

（1）把 144 便士平均分给 3 个慈善机构，每个慈善机构能得到多少钱？（或算出 144 便士的三分之一是多少。）

（2）144 个物体，3 个一组，可以分成几组？

当孩子们拿出 1 个表示"百"的、4 个表示"十"的和 4 个表示"个"的教具时，他们会发现 1 个"百"必须换成 10 个"十"。这样就有了 14 个"十"，如果分成 3 组，每组 4 个"十"，还剩下 2 个"十"。这 2 个"十"必须换成 20 个"个"，这样就有了 24 个"个"，再平分为 3 组，每组 8 个。

这个计算过程包含多步运算，我们可以用下面的方式来记录：

$$
\begin{array}{r}
\text{百十个} \\
1\,4\,4 \quad - \\
1\,2\,0 \\
\hline
2\,4 \quad - \\
2\,4 \\
\hline
0
\end{array}
\qquad
\begin{array}{l}
120 = 3 \times 40 \\
\\
24 = 3 \times \ \ 8 \\
\hline
144 = 3 \times 48
\end{array}
$$

我们要给每个慈善机构 48 便士。

当孩子们有能力做这样的计算时，就可以教他们用更通用的方式来记录他们的计算过程：

$$
\begin{array}{r}
4\,8 \\
3\,\overline{)1\,4\,4} \quad - \\
1\,2\,0 \\
\hline
2\,4 \quad - \\
2\,4 \\
\hline
0
\end{array}
$$

或者

$$
\begin{array}{r}
4\,8 \\
3\,\overline{)1\,4\,{}^2\,4}
\end{array}
$$

第二题的做法完全相同，但是要加上一步：144=48×3，所以 144 个物体，3 个一组，可以分成 48 组。

第七节　1000 以上的数

在孩子们学习数学的过程中，本章所讲的内容会持续一段相当长的时期。在这段时期的最后，我们可以用介绍三位数的方法来介绍四位数。要用到的结构化教具，除了第 226 页所介绍的表示"个""十""百"的，还要有表示"千"的，每个"千"都相当于 10 个"百"。

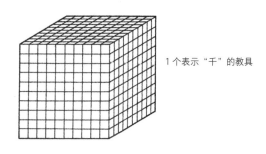

1 个表示"千"的教具

在第二十章里（见第 292 页），我们会讲到另一种用计算器来学习四位数的方法。

做本章活动所需要的器材

· 用来表示"个""十""百"的小方块、方棒和方形板（或用卡纸裁的 1 厘米见方的小正方形，10 厘米长、1 厘米宽的纸条和 10 厘米见方的大正方形）。

· 其他 10 个一组的结构化教具。

· 算盘。

给读者的建议

1. 测试几个 8 岁的孩子，看看他们对三位的数和数字的理解如何。例如，问他们在"317、504、299"这几个数中，哪个数最大。让他们翻到一本书的第 317 页、第 504 页和第 299 页，注意他们所用的方法。

2. 对于那些对数和数字表现出足够理解能力的孩子，让他们做下面这些难度逐渐升级的心算：

（1）问他们 200+300、700-400 等是多少，测试他们对整百数的理解如何。

（2）问他们 10 个 10、14 个 10、30 个 10、45 个 10 是多少，60+40、60+60、100-50、120-50、450+30、450+60、450-30、450-60 是多少，以及 4×20、5×30 是多少，测试他们对"十"和"百"的关系是如何理解的。

（3）问他们 62+40、62+43 是多少，127+50、127+52 是多少，以及 127+80、127+85 是多少，测试他们对"百""十""个"的心算能力如何。

3. 请解释为什么计算 26×4，需要用到乘法结合律和乘法分配律。

4. 让几个 8 岁或 9 岁的孩子向你解释，他们是如何笔算 193+227、324-176 和 26×4 的。看看他们有没有理解计算的过程。

5. 问这几个孩子是如何解决下列问题的：

（1）把 600 个物体平均分给 3 个人；

（2）把 120 个物体平均分给 3 个人；

（3）把 144 个物体平均分给 3 个人；

（4）把 600 个、120 个、144 个物体，分别按 3 个一组来分，可以分成多少组？

第十八章 | 分数进阶

如果有人认为，当我在阐述小数用法时是在吹嘘自己的聪明才智，那么毫无疑问，他既没有判断力，也没有智慧来区分简单事物和复杂事物……就像一个偶然发现了未知岛屿的水手，可能会向国王报告这座岛屿上所有的财富一样……因此我可以畅所欲言，尽情谈论这项发明的巨大作用，我想，这种有用性比你们任何人预想的都要大。

——西蒙·斯蒂文（荷兰数学家、工程学家）

在第十五章里，我们知道了在向孩子们介绍常用的分数符号之前，就可以让他们做大量的分数练习。现在我们就来讲讲这些符号。分数有两种常用的记数法：分子—分母记数法和小数记数法。下面我们来介绍如何让孩子们掌握这两种方法。

第一节　分子—分母记数法

当孩子们已经完全熟悉分数的数词（例如二分之一、三分之一、四分之一），并理解这些数词和各种整体之间的关系（如一块蛋糕的三分之一），就可以给他们介绍分数的符号了。可以告诉他们，当我们写三分之一的时候，可以画一条线，在线上面写"1"，下面写"3"。孩子们需要做一些把分数的数词转化为分数符号的练习。起初他们只需要考虑分子是"1"的分数，这样他们的注意力可以集中在理解分母的意义上。可以让孩子们完成下面这样的表：

整体被平分成几份	2	3	4	5	6
每一份的数词	二分之一	三分之一	四分之一		
每一份的分数符号	$\frac{1}{2}$	$\frac{1}{3}$			

可以让孩子们把第十五章第一节的练习（见第 198 页）用这种新学的记数法重新做一遍（例如"求 20 颗糖的 $\frac{1}{5}$"）。

到目前为止，我们还没有把分子—分母记数法完全告诉孩子们。这种记数法是用两个数来表示一个分数，一个数告诉我们整体被平分成几份，另一个数告诉我们有其中的几份。我们告诉孩子们，"八分之二"可以写成"$\frac{2}{8}$"，"五分之三"可以写成"$\frac{3}{5}$"，等等。孩子们需要做一些练习，把熟悉了的分数写法转化为不熟悉的新的写法，并用新的记数法来重新做第十五章所提到的那些练习。例如第 199 页关于正方形的练习，孩子们就要写成"正方形的 $\frac{2}{8}$ 是灰色的""正方形的 $\frac{4}{8}$ 是白色的"，等等。

第二节　等值分数

现在，孩子们肯定遇到过许多这样的情况：同一个分数可以用多种形式来表达（例如，我们也可以把"正方形的 $\frac{2}{8}$ 是灰色的"说成"正方形的 $\frac{1}{4}$ 是灰色的"）。我们可以让孩子们针对某个特定的分数进行"侦查工作"，看看他们能找到多少种其他表达形式。这项工作需要有序地进行，我们可以先把一张纸条折叠成相等的 8 份，然后让孩子们找到其他方式来表示纸条的一半。他们会发现：

纸条的 $\frac{1}{2}$ 就是它的 $\frac{2}{4}$，也是它的 $\frac{4}{8}$。

我们也可以让孩子们探究一个同样被平分为 8 份的正方形，他们会发现：

正方形的 $\frac{1}{2}$ 就是它的 $\frac{2}{4}$，也是它的 $\frac{4}{8}$。

最后，我们还可以让孩子们探究一个被平分为 8 份的数（例如 16），他们会发现：

16 的 $\frac{1}{2}$ 就是 16 的 $\frac{2}{4}$，也是 16 的 $\frac{4}{8}$。

等值　我们说二分之一等于四分之二。当我们写下" $\frac{1}{2} = \frac{2}{4}$ "，意思是二分之一和四分之二是同一个分数。分数也是一种数，这一点需要孩子们花不少时间来消化和理解。不过，我们可以让孩子们先用书面的形式记录他们的发现：

$$\frac{1}{2} = \frac{2}{4} = \frac{4}{8}$$

接着孩子们要继续进行"侦查工作"，研究可以被平分为 5 份、6 份或 10 份的纸条、图形或数，寻找和二分之一相等的分数。他们会发现，不存在和二分之一相等的五分之几，但是六分之三和十分之五都和二分之一相等。他们会找到很多和二分之一相等的分数，我们可以把这些分数合称为"二分之一家族"。

$$\frac{1}{2} = \frac{2}{4} = \frac{3}{6} = \frac{4}{8} = \frac{5}{10}$$

规律和预测 研究上面的等式，孩子们可能会发现，这些等值分数的分子、分母之间具有一种规律：每个分数中分母都是分子的2倍。可以引导孩子们思考是否有其他分数也同样属于"二分之一家族"，他们可能会说"$\frac{6}{12}$"。我们可以把一个图形或一张纸条平分为12份，来检验他们说得对不对。

孩子们在做关于"二分之一家族"的"侦查工作"时所使用的材料，也可以用来寻找和1（1家族[①]）、三分之一、四分之一、三分之二等相等的分数。这些活动对于孩子们来说是非常有价值的，也会让他们感觉兴奋。但是要记住，不要告诉孩子们约分的法则，这会剥夺他们自己去发现的机会，而这些体验对于他们理解数学来说是非常重要的。

---

① "1家族"包括整数1和那些与1相等的分数，如 $\frac{2}{2}$、$\frac{3}{3}$、$\frac{4}{4}$ 等。

第三节　数　轴

数轴是一条像尺子一样有刻度并标上了数字的线。任意两个刻度之间的距离，都等于这两个刻度上的数之差。例如，标有"2"和"5"的两个刻度之间的距离是 3 个长度单位。下面是两根数轴：

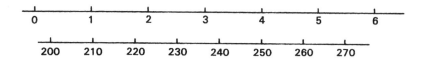

数轴是一种用来表示分数的很好的直观教具，因为它能让孩子们看清分数和整数之间的关系。表示 $\frac{1}{2}$ 的刻度位于 0 和 1 这两个刻度的中间，表示 $1\frac{1}{2}$ 的刻度位于 1 和 2 这两个刻度的中间。在对数轴有了多年的体验后，孩子们就会明白数是一种连续的量。数轴上任何两个刻度之间，无论多么接近，理论上都可以插入另一个刻度；任何两个数之间，无论它们的差有多么小，都还存在着另一个数。

数轴不是用来帮助年幼的孩子做整数加减法的直观教具。我见过许多孩子用数轴来计算时陷入困境，用数字纸条（见第 48 页）对他们来说可能会更简单，更有逻辑性。过早使用数轴容易让年幼的孩子感到困惑，因为他们认为数是间断的。数轴的意义在于可以用来表示分数、很大的数，以及孩子们以后会学到的负数。

我们可以给孩子们一些复印好的数轴图。刚开始数轴可能是这样的：

提醒孩子们注意，数轴上第一个没有标数字的刻度位于 0 和 1 这两个刻度的中间。我们给这个刻度标上"$\frac{1}{2}$"。让孩子们讨论其他没有标数字的刻度，然后标上"$1\frac{1}{2}$""$2\frac{1}{2}$""$3\frac{1}{2}$"。现在孩子们可以沿着数轴，每隔二分之一数一个数，一直数到 3，还可以利用这条数轴找到分数（$\frac{3}{2}$、$\frac{4}{2}$ 等）的其他写法。然后让孩子们在这条数轴的 0 和 $\frac{1}{2}$、$\frac{1}{2}$ 和 1 等刻度的中间画上刻度。现在这些刻度把长度单位分割成原来的四分之一了。我们在数轴的上方标上数字，这条数轴就如下图所示：

孩子们可以沿着数轴的上方，每隔四分之一数一个数，一直数到 3，还可以利用这条数轴找到 $\frac{2}{4}$（2 个 $\frac{1}{4}$）、$\frac{6}{4}$（6 个 $\frac{1}{4}$）等分数的其他写法。（例如，$\frac{6}{4}$ 可以写成 $1\frac{2}{4}$、$1\frac{1}{2}$ 或 $\frac{3}{2}$。）

我们可以用一条新的数轴来介绍五分之一和十分之一。刚开始数轴可能是这样的：

让孩子们讨论数轴上那些没有标数字的刻度，然后标上"$\frac{1}{5}$""$\frac{2}{5}$"等。孩子们可以沿着数轴，每隔五分之一数一个数，一直数到 2，还可以利用这条数轴找到 $\frac{5}{5}$（5 个 $\frac{1}{5}$）、$\frac{7}{5}$（7 个 $\frac{1}{5}$）等分数的其他写法。然后让孩子们在这条数轴的 0 和 $\frac{1}{5}$、$\frac{1}{5}$ 和 $\frac{2}{5}$ 等刻度的中间画上刻度。现在这些刻度把长度单位分割成原来的十分之一了。

我们在数轴的上方标上数字，这条数轴就如下图所示：

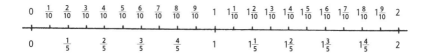

孩子们可以沿着数轴的上方，每隔十分之一数一个数，一直数到 2，还可以利用这条数轴找到 $\frac{2}{10}$、$\frac{12}{10}$ 等分数的其他写法。

用数轴做练习，可以帮助孩子们理解分数本身就是一种数。一些尺子、秤和容器上的刻度并非都标有数字，这些练习还能帮助孩子们更准确地读出这些测量工具上的数据。

· · · 分数的运算 · · ·

《科克罗夫特报告》指出："很难在日常生活中找到要对分数进行加减的情况，对于大多数小学阶段的孩子来说，似乎没有什么理由教他们分数的加减乘除。"（第 300 段）

我认同这种说法，但我要指出，选择一些适当的分数，让孩子们自己来发现如何进行加减，对于他们来说是有好处的。这样的练习可以：（1）加深孩子们对"分数也是数"的理解，它和整数一样可以进行加减。（2）要求孩子们运用等值的概念。如果你不知道 $\frac{1}{5}$ 和 $\frac{2}{10}$ 等值，就不可能把 $\frac{1}{5}$ 和 $\frac{3}{10}$ 加起来。其推算过程如下：

$$\frac{1}{5} + \frac{3}{10} = \frac{2}{10} + \frac{3}{10} \quad (\text{或 2 个 } \frac{1}{10} \text{ 加 3 个 } \frac{1}{10})$$
$$= \frac{5}{10}$$

选择一条合适的数轴，先找到 $\frac{1}{5}$ 这个刻度，然后向前移动 $\frac{3}{10}$ 的距离，根据所得刻度上的数字来检验答案对不对。

第四节 十分之几的小数记数法

一开始，我们应该只向孩子们介绍十分之几的小数记数法。以后他们会意识到，这种记数法还可以扩展到百分之几、千分之几，最终他们会学会用小数记数法表示任何分数。

我们可以利用汽车上的里程表来向孩子们介绍小数记数法，这会让孩子们很感兴趣。里程表右边的数字颜色和其他数字的不同，显示出记录的是十分之几千米。告诉孩子们，我们可以用类似里程表的方式来记录十分之几，但不需要用不同的颜色来表示，而是用一个"点"来区隔个位数和表示十分之几的数字。我们可以把 $3\frac{1}{10}$ 写成 3.1，$1\frac{4}{10}$ 写成 1.4（这些数可以读作"三点一""一点四"）。在这里，我们要向孩子们指出小数记数法的两个特殊性：一个是 $\frac{6}{10}$ 这个数比 1 小，其小数形式为"0.6"，而不是".6"，这是为了确保读者能注意到小数点，而不会把它误看成一个不相干的污渍。另一个是有时候我们也会把整数写成小数形式，在小数点后面再加"0"。例如在体操比赛中，得分包含整数部分和小数部分，如果得 6 分，则记为"6.0"。

在孩子们把分数和小数做一些简单的变换后，就可以让他们在一条每隔十分之一就有刻度的数轴上，用这两种记数法来标上数字。

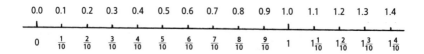

孩子们可以沿着数轴的上方，每隔十分之一数一个数。他们可以利用这条数轴来解决诸如此类的问题："里程表上的数字是 0.2，那么再走 1 千米后的读数是多少呢？再走 0.2 千米呢？""比较 1.1

和 0.8，哪个数大？"

我们还可以让孩子们思考如下问题："三名体操运动员在比赛中的得分分别是 4.8、5.2 和 4.6，谁获胜了？""三名田径运动员跑 100 米所用的时间分别是 11.6 秒、11.2 秒和 10.9 秒，谁跑得最快？"孩子们还可以用米尺按米和十分之一米来反复测量长度（见第 201~202 页），并用小数形式来记录结果（例如，"这个柜子宽 0.4 米"）。他们还可以按升和十分之一升来反复测量容器的容积（见第 203 页），按千克和十分之一千克来反复测量物体的重量（见第 204 页），并用小数形式来记录结果。

· · · 小数的加法 · · ·

给孩子们出一些简单的题，引导他们做小数的加法。例如，假设两个柜子紧挨着放在一起，它们各自的宽度分别是 0.4 米和 0.8 米。孩子们可以测量这两个柜子的总宽度，结果是 1.2 米。他们要怎么算出这个结果呢？如下面的计算过程所示，孩子们会发现，因为 4+8=12，所以总宽度是十分之十二米，也就是 1.2 米。

	米	十分之一米
小柜子宽度	0 .	4
大柜子宽度	0 .	8
总宽度	1 .	2

孩子们很快就会发现，可以通过做整数的加法来做小数的加法。让他们当体操比赛的"裁判"，评出第一、第二、第三名的奖项，能帮助他们在做小数的加法时取得进步。

	塔玛拉	珍妮特	海尔格
跳马	5.7	5.3	4.8
平衡木	5.2	5.8	5.3
自由体操	5.0	5.1	5.3
总分	...	...	...

第五节 百分之几的小数记数法

《科克罗夫特报告》指出，11 岁的孩子中，只有极少数能够理解两位小数。"至少需要到 15 岁，在一个年龄组中才有一半以上的孩子能够读出小数点后两位，或能说明 2.31 中的'1'表示的是百分之1。"（第 341 段）尽管这段话向我们发出了警示，要谨慎地让孩子们做练习，但它不应该被理解为小学生没有能力掌握两位小数。（在一所地方性的小学里，我发现在 52 名学生中，有 39 名学生能够在没有提示的情况下正确说出 2.31 中的"1"的意思。）在日常生活中，我们很多的测量结果都是用两位小数来记录的，所以对于那些已经大量体验过十分之几的小数记数法的小学生，我们完全可以把两位小数介绍给他们。2 英镑和 25 便士的总和可以记为 2.25 英镑；1 米加 25 厘米可以记为 1.25 米。在电视节目中观看体育比赛或某种智力竞赛时，我们看到电视屏幕上不仅会显示出过了多少秒，还会显示出十分之几秒和百分之几秒。下面我们来做一些关于图形和钱的活动，来帮助孩子们理解两位小数。

· · · 图　形 · · ·

我们可以把一个 10 × 10 方格的正方形看成 1 个单位（表示"1"）。作为正方形十分之一的每个细长矩形可以加粗显示，这样孩子们就能直观地看到，正方形的百分之十就相当于它的十分之一。

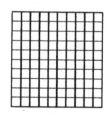

当孩子们弄清楚正方形的十分之一表示多少格子，百分之一表示多少格子的时候，我们就可以问他们，正方形的百分之几是它的十分之一，百分之几是它的十分之二，等等。再把正方形的百分之二十四的格子涂上颜色，然后问孩子们涂色的是正方形的十分之几加百分之几。他们知道把十分之二记为 0.2，我们就可以告诉他们十分之二加百分之四可以记为 0.24。

现在可以让孩子们在同样的 10×10 方格的正方形中涂色，然后用小数形式把涂色部分表示出来，如下图所示：

	十分之几	加百分之几	涂色部分是多少
黑色部分	2	4	0.24
白色部分	7	6	0.76

练习的时候要注意，要有涂色部分小于正方形的十分之一的情况，例如 0.06。

加法 在上面这个黑色部分是 0.24 的正方形上，让孩子们继续用蓝色涂出正方形的十分之三，那么此时这个正方形的涂色部分是多少呢？孩子们很快就能看出是 0.54，但可以让他们看看是怎么加出这个结果来的。可以让他们把下面的加法和 24+30 做比较。

	个位	十分位[①]	百分位		十	个	
黑色部分	0	. 2	4	+	2	4	+
蓝色部分	0	. 3	0		3	0	
总和	0	. 5	4		5	4	

① 小数部分从小数点算起，右边第一位叫作十分位，第二位叫作百分位，以此类推。

在这之后，让孩子们继续用蓝色涂出正方形的百分之六，这样正方形的 0.36 就是蓝色的。如果我们采用竖式运算，就会发现百分位上的数相加是 10，这个时候一定要提醒孩子们"百分之十就相当于十分之一"，应该在十分位这一列记下"1"。可以让他们把下面的加法和 24+36 做比较。

	个位		十分位	百分位		十	个	
黑色部分	0	.	2	4	+	2	4	+
蓝色部分	0	.	3	6		3	6	
总和	0	.	6	0		6	0	
				1			1	

原注：这样的小数加法目前并不要求孩子们能完全理解，而是借此让他们使用新学习的记数法，并巩固他们的记忆。

· · · 钱 · · ·

我们可以把 1 英镑的硬币（真的或仿真的）介绍给孩子们，让他们认识到 10 便士是 1 英镑的十分之一，而 1 便士则是 1 英镑的百分之一。孩子们会很乐意数出一堆硬币是多少钱。一开始让孩子们数的硬币中，10 便士和 1 便士的都不要超过 9 个。孩子们可以把他们计数的结果记录如下：

1 英镑的硬币	10 便士的硬币	1 便士的硬币	总钱数
2	3	5	2.35 英镑
3	6	0	3.60 英镑
1	0	0	1.00 英镑
0	0	6	0.06 英镑

如果计数的时候发现有 10 个或更多 1 便士的硬币，孩子们就

要在记录之前先进行兑换，把 10 个 1 便士的换成 1 个 10 便士的。同样地，如果计数的时候发现有 10 个或更多 10 便士的硬币，也要做类似的兑换。孩子们还可以学着算一些简单的账，如果有需要，可以使用硬币来帮助计算。

拖拉机	2.35 英镑		2 3 5 +
汽车	1.06 英镑	比较	1 0 6
合计	3.41 英镑		3 4 1

原注：那些会记账，也能做其他关于钱的题目的孩子，并不一定了解 1 便士是 1 英镑的百分之一。我们要经常提醒他们，例如："35 便士是 1 英镑的十分之三加百分之五。"如果我们给他们这些提示，就能帮助他们逐步掌握小数记数法。

做本章活动所需要的器材

· 被平分成若干全等部分的平面图形。

· 可以折叠成不同长度的纸条。

· 尺子和卷尺。

· 每十分之一升有刻度的 1 升的烧瓶。

· 1 千克和 0.1 千克的砝码。

· 天平。

· 复印的数轴图若干。

· 复印的被划分成 10×10 方格的正方形图若干。

· 1 便士、10 便士和 1 英镑的硬币，仿真币或真币都可以。

给读者的建议

1. 测试几个 9 岁的孩子，看看他们对分数记数法的理解如何。给他们看一个有五分之一被涂了色的图形，让他们把涂色部分和未涂色部分分别是图形的几分之几写出来。再问问他们是否知道 100 的 $\frac{1}{10}$ 是多少，100 的 $\frac{3}{10}$ 是多少。

2. 找几个 9 岁和 10 岁的孩子，看看他们是否认为分数本身也是一种数。例如，他们能否告诉你，$\frac{9}{10}$ 是不是比 2 大？或者他们认为这样的问题有没有意义？他们能否告诉你，$1\frac{2}{10}$ 是什么意思？这个数是否比 $\frac{12}{10}$ 大？

3. 测试这几个孩子是否知道等值分数。让他们说一个和 $\frac{1}{2}$ 相等的分数。如果他们能正确说出来，问他们怎么知道这个答案是对的。他们能说出另一个和 $\frac{1}{3}$ 相等的分数吗？和 $\frac{2}{3}$ 相等的呢？

4. 第 253 页介绍"数轴"时，用到了"连续的""间断的"这两个词，还讲到了许多年幼的孩子用数轴来进行加减法计算时会陷入困境，你能想象他们遇到的困难是什么吗？

5.《科克罗夫特报告》指出："很难在日常生活中找到要对分数进行加减的情况……"你能否想出这样的例子呢？

6. 测试几个 10 岁的孩子，看看他们对一位小数的理解如何。让他们告诉你，2.6、3.0、0.9 的意思是什么，这里面哪个数最大，把这三个数相加的和是多少。问他们能否想到一个生活中的实例是需要把这样三个数加起来的。

7. 测试几个 10 岁和 11 岁的孩子，看看他们是否理解位值的概念。可以提示他们，在 16 这个数里面，"1"表示 10。然后让他们说出 216、301、2103、1203、2.1、2.31 这些数字中的"1"分别表示多少。

第十九章 | **测量进阶**

　　测量活动常常能帮助孩子们巩固对于数概念的理解。本章我们将讨论一些方法，促使孩子们在解决各种测量问题时联系并应用数概念。例如，使用各种有刻度的测量长度、重量和液体容积的工具，能很好地帮助孩子们回顾在第十八章里学到的数轴。本章会介绍这些工具，并讨论关于面积、角和时间的测量。

第一节　长　度

现在，我们希望孩子们能够熟练使用尺子和卷尺来测量直线的长度。我们来看看怎么让他们进一步学会测量图形的周长，以及怎么向他们介绍按比例画图和看地图。

···直边图形的周长···

一个平面图形的周长是围绕它一圈的总长度。我们可以用卷尺来测量一个图形的周长。如果图形的边是直的，那么测量它们各边的长度再相加，就更容易了。下面有一些例子，可以让孩子们试一试：

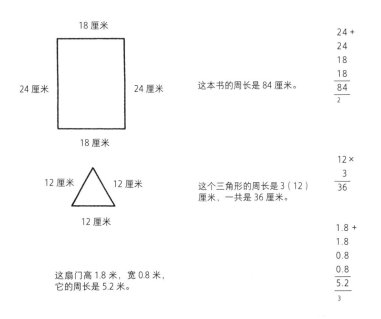

18 厘米

24 厘米　　24 厘米

18 厘米

这本书的周长是 84 厘米。

$$24 + \\ 24 \\ 18 \\ \underline{18} \\ \underline{84} \\ 2$$

12 厘米　　12 厘米

12 厘米

这个三角形的周长是 3（12）厘米，一共是 36 厘米。

$$12 \times \\ \underline{3} \\ \underline{36}$$

这扇门高 1.8 米，宽 0.8 米，它的周长是 5.2 米。

$$1.8 + \\ 1.8 \\ 0.8 \\ \underline{0.8} \\ \underline{5.2} \\ 3$$

超长的卷尺可以用来测量 3 米以上的距离。有了这种卷尺，孩子们就可以测量房间的长度和宽度，并计算它的周长。例如，如果一个房间的长是 6.2 米，宽是 3.5 米，那么它的周长就是 19.4 米。

· · · 弯曲物体的周长 · · ·

就像测量直边的物体一样，我们也可以测量弯曲的物体。对孩子们来说这是一个新奇的想法。如果我们展开一把卷尺，绕一个圆柱体罐头盒顶部一圈，读出卷尺上和刻度"0"相遇的刻度上的数字，就能得出这个罐头盒圆面的周长了。（10 岁的马丁认为"这想法真是棒极了"。）如果我们绕着罐头盒的底部再测量一次，会得到同样的结果，这是因为圆柱体顶部和底部的面是两个全等的圆形。

让孩子们了解到还可以用别的方法来测量周长是有好处的。可以让他们把一个罐头盒放倒在一张大纸上，在罐头边缘和纸接触的地方，同时在两者上面做一个记号，然后滚动罐头盒。当罐头盒边缘的记号再一次接触到纸面时，在纸上再做一个记号。这时，纸上两个记号之间的长度就是罐头盒圆面的周长。

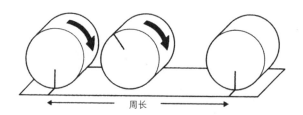

周长

接下来还有一个好办法——给罐头盒做包装纸。让孩子们画一个长方形，长等于罐头盒圆面的周长，宽等于罐头盒的高。把这张长方形纸剪下来，加一点装饰，再用它把罐头盒包起来。

· · · 使 用 响 轮 · · ·

上面所讲的练习能帮助孩子们理解轮子运动一周所经过的路程和它的周长是一样的。响轮就是基于这样的原理制作的。一般响轮的周长为 1 米。当它滚动到某个点的时候，手柄上的一个弹性尖头就会碰到车轮上的金属突起，从而发出响亮的"咔嗒"声。如果我们把轮子放在地面上，当轮子开始滚动时，弹性尖头就会发出响声。每一次响声都在告诉我们，轮子走了 1 米。

响轮提供了一种快速测量长距离的方法，后面我们讲按比例画图的活动时会用到它。

· · · 画 圆 · · ·

现在我们可以向孩子们介绍圆的圆心和半径了。做一张卡纸条，在它的一端打一个洞。孩子们把卡纸条的另一端用大头针钉在纸上，用铅笔头穿过洞画圈，就可以画出圆了。大头针到铅笔的距离是恒定的，这个距离就叫作圆的半径。而大头针钉在纸上的那个点就叫作圆心。用这样的卡纸条来画圆，可以明显看出卡纸边缘上所有的点到圆心的距离都是相等的。

孩子们可以从用卡纸条画圆，逐步过渡到用圆规来画圆。他们会很喜欢画出一些相交的圆来组成图案。

· · · 按比例画图 · · ·

对于比例，孩子们是靠直觉知道的。汽车模型可能只有 6 厘米长，而真实汽车则可能有 3 米长。汽车模型看上去和真实汽车很像，是因为真实汽车上每个部分的长度，都是汽车模型上对应部分长度的相同倍数。

可以让孩子们画一个界限分明的区域的平面图，例如一个房间的地面或是篮球场①，这个时候他们就开始形成比例的概念了。他们可以把图画在方格纸上，这种纸的每个格子都是 1 厘米见方，提供了大量现成的直角和特定长度。假设孩子们测量了一个篮球场，长 30 米，宽 20 米，要在纸上画出一个真实尺寸的篮球场不太现实，但是我们可以把方格纸上的 1 厘米当作实际长度的 1 米来画。孩子们要一起对篮球场做一些必要的测量，才能完成球场图的绘制。要帮助他们画出两个半圆形的投篮区，如果他们测量出 AB 之间的距离是 10 米，那么在图上以 "○" 点为圆心（处于 AB 的中点位置）、5 厘米为半径（表示 AB 的 $\frac{1}{2}$），画一个半圆就可以了。

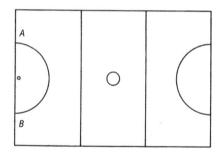

完成这幅图后，孩子们就可以利用它来回答一些问题了，例如："两个投篮区之间的最短距离是多少？"然后尽可能让孩子们回到球场去测量，来检验他们的答案是否正确。孩子们可以讨论他们从图上推测出来的数据是否比实测数据更准确。

---

① 这里及下文所说的篮球场均指英式篮球的球场。英式篮球又被称为投球或无板篮球，是一种源自篮球的团队球类运动。

另一种很好的学习比例的练习是比较真实汽车和汽车模型的尺寸。要弄明白模型是基于什么比例制造出来的，我们需要测量真实汽车的某个特定部位的长度，同时测量汽车模型上相应部位的长度。我们可以选择测量汽车前后两个保险杠之间的距离（找两根棍子，分别垂直靠在两个保险杠的中间，然后在棍子接触地面的点上做好标记。开走汽车后，测量两个标记点之间的距离。再用同样的方法来测量汽车模型上相应的距离）。

重要的是，一开始要选择那些容易计算比例的汽车模型（当孩子们对使用计算器已经有信心时，就可以取消这条限制了，详见第 302页）。如真实汽车长 3 米，模型长 6 厘米，这个比例就是比较合适的。这就意味着模型上的 6 厘米代表了真实的 3 米或 300 厘米。也就是说，模型上的 1 厘米代表了 300 厘米的六分之一，也就是 50 厘米。那么真实汽车就是模型的 50 倍长。学会这样来表达比例后，孩子们就可以在模型上测量特定部位的长度，并反过来推测真实汽车上相应部位的长度。

有的孩子可能会做出下面这样的记录（括号里的长度是他预测的）：

	长	比例	宽	高
汽车模型	6 厘米	1 厘米	3 厘米	3 厘米
真实汽车	3 米	$\frac{1}{2}$ 米	（1.5 米）	（1.5 米）

· · · 看地图 · · ·

现在我们可以向孩子们介绍地图了，从一幅他们熟悉的地区的大比例尺地图入手。一开始，我们可以把注意力集中在一个小的区域里。

下面是一幅 5 厘米比 1 千米的地图。孩子们可以用一根棉线，沿着地图上直的或弯的路摆出来，然后测量这根棉线的长度，就可以算出真实的距离了。例如：① 汉利公园的长（0.4 千米）；② 车站到电力公司的距离（1 千米）；③ 学校到车站的距离（0.4 千米）。（选择例①，是因为它涉及的是直线的测量，相对比较容易；选择例②，是因为它提供了一个距离为 1 千米的实例，孩子们需要把这个长度和他们熟悉的距离联系起来，才能形成对 1 千米长度的概念。）

第二节　面　积

在第十三章里（见第 169 页），我们讲了如何数平面图形所覆盖的全等正方形（或三角形）的数量，来向孩子们介绍面积的概念。他们可以使用任意实物单位来测量面积。尽管任何可以密铺的图形都可以作为测量面积的单位，但是通用的还是正方形，例如 1 平方厘米的正方形。孩子们现在可以使用这个单位（平方厘米）来测量面积了。

·· **面积和周长** ··

有一个常见的误区是认为一个区域的面积和它的周长有关。因此，一开始让孩子们做按平方厘米来求面积的练习中，就应该包括这样一道题：同时求出画在方格纸上的图形的面积和周长。我们必须告诉他们，每个方格的面积都是 1 平方厘米。

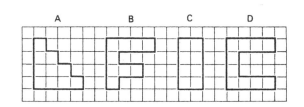

求出图形 A、B、C、D 的面积和周长。

哪个图形的面积最大？

哪个图形的周长最长？

·· **长方形的面积** ··

接下来的这个练习仅针对长方形，目的是引导孩子们发现长方形的长、宽和面积的关系。一些长方形要画上方格，一些不需要。如果孩子们有需要，要允许他们在空白的长方形内画方格。

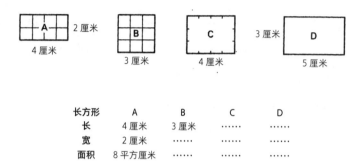

长方形	A	B	C	D
长	4 厘米	3 厘米	……	……
宽	2 厘米	……	……	……
面积	8 平方厘米	……	……	……

通过探索，孩子们会明白长方形的面积可以通过把每排中的方格数（画好的或想象中的）和排数相乘求出来，这样他们就可以进一步去计算与比较书本、盒盖和用方砖排列成的地板的面积。（地板的面积可以按方砖数来测量，不按平方厘米。）下面的练习是一个典型的例子：

我们的教室和衣帽间，哪一个更大？

教室的地面铺了 16 排方砖，每排有 12 块。

那么地面的面积就是 16 × 12 块方砖。

$$16 × 12 = （16 × 10）+（16 × 2）$$
$$= 160+32$$
$$= 192$$

地面的面积是 192 块方砖。

衣帽间的地面铺了 10 排方砖，每排有 18 块。

那么地面的面积就是 10 × 18 块方砖，也就是 180 块方砖。

所以教室比衣帽间大。

···直角三角形的面积···

对于已经懂得如何计算长方形面积的孩子，可以进一步让他们探索如何计算三角形的面积。首先我们要让他们从明显能看出来是正方形的一半的三角形入手。下图中的两个三角形都是正方形的一半，当正方形的面积是 16 平方厘米时，每个三角形的面积一定是 8 平方厘米。（我们可以通过数方格的数量来检验三角形的面积是不是 8 平方厘米，先数出完整的方格有 6 个，再数出半个的方格有 4 个。）

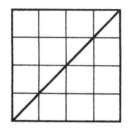

接着，我们来研究是长方形的一半的三角形。下图中的两个三角形都是长方形的一半，当长方形的面积是 12 平方厘米时，每个三角形的面积一定是 6 平方厘米。（但是这种情况下，我们不能通过数方格的方法来检验三角形的面积是否为 6 平方厘米。）

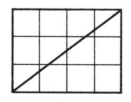

之后就可以直接做求直角三角形面积的练习了。先给孩子们一些画好的三角形图片。他们可能试图先把三角形扩展成长方形，这样就能通过算出长方形的面积，从而求出三角形的面积。现在我们可以让他们在方格纸上画出各种图形，探索如何求出这些图形的面积。求下图中小船状图形的面积，其中一个方法就是把图形分成一个长方形和4个直角三角形。

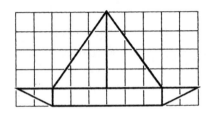

· · · 不规则图形的面积 · · ·

对于任何画在方格纸上的图形，我们都可以通过数它所覆盖的方格数来估算它的面积。覆盖面积大于半个方格的，可以记作1个方格；覆盖面积不足半个方格或正好是半个方格的，可以不计算。如果把这个方法应用于上一页面积为6平方厘米的直角三角形，就会数出6个方格，从而估算其面积是6平方厘米。尽管这一估算值和计算结果一致，我们也并不能认为这种估算法始终会提供准确的结果。

下图是沿着一片叶子的边缘画出的。每个被计数的方格都标上了数字"1"，每一排的方格数则记录在右侧。

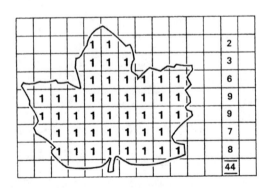

第三节　角

在第十二章里（见第 144 页），我们讲了怎样向孩子们介绍直角。现在我们可以进一步让孩子们探索其他的角了。在接下来提到的活动中，我们需要使用一些用卡纸剪成的角。我们可以在卡纸上画一些半径不同的圆，像下图这样画上很多直径，再把一个个扇形都剪下来。

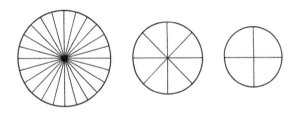

求同　可以让孩子们先从各种各样的角里辨认出直角来。把两个直角（尽可能用不同半径的圆剪出的直角）重叠起来，看看它们是否完全相同，再把它们并排挨着，看看能不能拼出直线。可以教孩子们用通用的直角符号在上面做标记。

 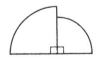

分类　现在可以让孩子们把这些角分成三类，一类是直角，另外两类不是直角的分别涂上不同的颜色。（现在我们可以把这些角叫作直角、"红角"和"蓝角"。）

排列 可以让孩子们把一个红角和一个直角做比较。把红角放在直角上面，直角始终会露出一部分，这样我们就说直角比红角大。可以用红角和蓝角做类似的活动，得出红角比蓝角大。这样我们就可以把角按照大小排列起来。

角的测量 我们先考虑把蓝角看作"单位角"。如下图所示，如果我们把 3 个蓝角拼到一起，就会发现它们和一个红角一样大，我们就说红角是 3 个"单位角"；如果我们把 6 个蓝角拼到一起，就会发现它们和一个直角一样大，我们就说直角是 6 个"单位角"。2 个红角和一个直角一样大，因为 3+3=6。

孩子们现在可以用卡纸做的角来测量其他熟悉的图形上的角了。例如，等边三角形的每个角都和 4 个"单位角"（或 1 个红角加 1 个蓝角）一样大（如下图所示）；等腰直角三角形（见第273页的图1）中两个较小的角都和3个"单位角"（或1个红角）一样大；正六边形（见第154页图1中的右图）的每个角都和8个"单位角"（或1个直角加2个蓝角）一样大。

用"度"来测量角 许多孩子看起来会用通用的量角器来测量角的度数，但他们实际上并没有理解量角器上的数字的含义。如果他们不理解角是可以相加的，那么量角器上的数字就只是起到引导他们在纸上做标记的作用。向孩子们介绍角的实物单位有助于他们理解角的测量，就好像在别的测量活动中实物单位所起的作用一样。将来他们学习用"度"来表示角的时候，就能够把1°作为角的单位，并知道直角就是90°，因为它和90个1°这样的角单位一样大。

第四节　重　量

在第十三章里（见第 165 页），我们讲了怎样让孩子们通过橡皮泥球和"10 球"砝码来称重，进而促使他们把测量活动和十位、个位的概念联系起来。在第十五章里（见第 204 页），我们则讲了可以按千克和十分之一千克来称重。在这一节里，我们要进一步考虑：（1）怎样教孩子们按克来称重；（2）怎样让孩子们学会使用厨房秤和体重秤。

· · · 按克称重 · · ·

就像第十三章里（见第 165 页）提到的那样，"克"是非常小的重量，而小学生们使用的天平还不够灵敏到能测量出这么小的重量。不过，它们还是可以测量出 10 克这样的重量，所以我们要把重量限定在 10 克的整数倍上。我们需要一些商店里出售的 10 克的砝码，还要一些 1 克的砝码，它们很有用，因为孩子们需要感觉 1 克到底有多轻。要告诉他们，在比较灵敏的天平上，10 个 1 克的砝码和 1 个 10 克的砝码平衡。（现在孩子们用的天平可能是 8~12 个 1 克的砝码和 1 个 10 克的砝码平衡。）

教孩子们认识 10 克的砝码后，就可以让他们称一些小物品了，如尺子、书本，还有我们熟悉的橡皮泥球。（一本绘本重约 80 克，一个橡皮泥球重 100 克。）不到 10 克的物体一般不选用，但可以 10 个 10 个地称重。如果 10 枚 2 便士的硬币重 60 克，我们就能算出来 1 枚 2 便士的硬币重 6 克，因为 60=10×6。（可以告诉孩子们，银行在核对一袋铜币是多少钱时，是通过称重而不是计数来进行的。）如果要称比 100 克重的物体，例如食品杂货，可以用 100 克的橡皮泥球作为砝码来测量。大多数食品都标有重量，如一个汤罐头，可能标记为 300 克。当我们测量时，会发现它和 3 个 100 克的橡皮泥球加上 8 个 10 克的砝码平衡，说明它重 380 克。这并不意味着罐头盒上的标签不对，而是标签上的重量仅仅指汤本身的重量，那么罐头盒的重量就应该是 80 克，因为 380=300+80。孩子们可能会乐于把罐头打开倒空，以便于核查罐头盒的重量是不是 80 克。（当然，汤可以作为科学研究的奖赏请孩子们喝掉。）

我们发现，在做上面这样的测量活动时，很自然地涉及了数字作业。可以进一步把数字作业扩展到让孩子们把他们称过的食品杂货的总重量算出来，再把它们放到一起称一下，看看算得对不对。下面是一个例子：

玉米片	350 克
汤罐头	380 克
购物袋	80 克
总重量	810 克

· · · 厨房秤和体重秤 · · ·

一般厨房秤最多只能称 3 千克的物体，而体重秤最多可以称重达 125 千克的物体。把物体放到秤上时，其重量会把秤盘往下压，从而促使指针绕着刻度盘转动（有些则是刻度盘本身会转动）。刻度盘看起来就像是一条数轴。我们要让孩子们自己去发现，用手压住秤盘的时候，指针（或刻度盘）就会转动，压得越用力，指针（或刻度盘）转动的幅度越大。

接下来，我们要把孩子们的注意力集中到刻度和标记在上方的数字上。先研究厨房秤，通常厨房秤是每 50 克有一个刻度，每 100 克标记一个数字。先让孩子们用手压秤盘，使指针转动到 100 克的位置。然后在秤盘上放一个橡皮泥球，发现指针同样指向 100 克。用手去压秤盘是一种力，物体的重量也是一种力；橡皮泥球压向秤盘的力和孩子们用手压的力是一样大的。明白这一点后，让孩子们往秤盘上逐步增加橡皮泥球，一次加一个，观察指针指向 200 克、300 克，以此类推。接着他们可以再增加一些 10 克的砝码，每次增加 5 个，每一次这些砝码都使得指针指向下一个 50 克的刻度处。他们也可以把一个 1 千克的砝码放在秤盘上，观察指针指向 1 千克。然后把 10 个 100 克的砝码放在秤盘上，注意到指针再次指向了 1 千克。现在孩子们可以用厨房秤去称物体和各种食品杂货了，方法和前面"按克称重"中所说的一样。如果购物袋能装下总重量超过 1 千克的物体，在计算总重量的时候，孩子们必须记住 10 个 100 克就是 1 千克。

	千克	克
洗衣粉		930
汤罐头		380
购物袋		80
总重量	1	390

体重秤 孩子们要有把物体放到体重秤上称重的体验，这样他们才能根据自己熟悉的重量来理解刻度的意义。然后他们就可以使用体重秤来称装满物品的购物袋和较重的物体，例如他们自己。

同样，在这项活动中我们也可以引入数字作业。如果约翰重 42 千克，购物袋重 2 千克，当约翰手提购物袋站到秤台上时，刻度会显示多少呢？虽然购物袋并没有放到秤台上，但是秤对这个人体以外的重量是有反应的，从而在刻度上显示总重量为 44 千克，因为

第十九章 测量进阶 | 281

42+2=44。现在假设我们希望知道一只猫的重量，但猫又不可能安分地站在秤台上，所以约翰就可以抱着猫站到秤台上。如果约翰和猫加起来一共重 46 千克，那么我们就可以推断：这只猫一定重 4 千克，因为 46=42+4。

第五节 体 积

一个物体的体积就是指它占空间的大小。如果是液体，我们就像前面所讲的那样把它倒入容积已知的容器里，从而测量出它的体积。如果是固体，理论上我们可以用全等的单位正方体的数量来测量其体积。常用的体积单位是立方厘米，也就是棱长为 1 厘米的正方体的体积。孩子们可以用这样的单位正方体搭出各种立体图形，并用立方厘米来表示图形的体积。如此，孩子们就能知道固体的体积并不取决于它的形状，这一点很重要。如果一个孩子用 24 个正方体搭出了一座桥，我们就要鼓励他用这 24 个正方体搭出更多其他的图形。

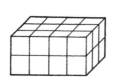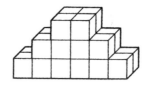

除了使用棱长为 1 厘米的正方体，孩子们还可以使用表示"十"的方棒和表示"百"的方形板（如第 226 页所述）来拼搭图形。把表示"十"的方棒铺两层，每层 3 条方棒，就能拼出一个长方体，它的体积为 60 立方厘米；把 5 块表示"百"的方形板叠起来，就能拼出一个体积为 500 立方厘米的长方体；把 10 块表示"百"的方形板叠起来，就能拼出一个体积为 1000 立方厘米的正方体。

· · · 把体积和容积联系起来 · · ·

我们可以用橡皮泥来做一个可以容纳 10 立方厘米的"浴缸"。先把橡皮泥搓成像香肠一样的长条状，然后把一条表示"十"的方棒轻轻压入"香肠"中，直到方棒顶部和橡皮泥表面齐平，最后拿走方棒，"浴缸"就做成了。用一把点心勺装满水倒进去，如果点心勺是标准尺寸，而"浴缸"正好被装满，说明点心勺的容积正好是 10 立方厘米。

在第十三章里（见第 167 页），我们讲了孩子们如何用剪成 $\frac{1}{10}$ 升的酸奶杯来测量容积。现在我们可以用点心勺来测量这个酸奶杯能装多少立方厘米。结果是它可以装 10 勺水，这样的话，酸奶杯的容积就是 100 立方厘米。

那么，多少立方厘米是 1 升呢？孩子们用 1 升的烧瓶测量过容积，我们可以提醒他们，1 升的烧瓶可以装 10 杯水。一杯的容积是 100 立方厘米，1 升就是 10 个 100 立方厘米，即 1000 立方厘米。许多家庭日用品都是装在容器里出售的，容器上标有液体的容积，常用立方厘米（cc）或毫升（ml）来表示。1 毫升等于 1 立方厘米。我们会看到洗发水上面标着 150 毫升，某种化妆品上标着 100 毫升，等等。用完的瓶子可以留下来，孩子们可以用它们来装水，再把水倒入酸奶杯或 1 升的烧瓶里，来检验这些瓶子的容积。

我们还可以测量液体和固体的混合物的体积，来巩固孩子们对新学的液体和固体的体积之间关系的认识。先把水倒入一个有刻度的 1 升的烧瓶中，到 500 毫升的地方停下来。然后把 10 条表示"十"的方棒放入水中。如果方棒下沉，水面就会上升到 600 毫升处，因为这是水和方棒的总体积。我们可以按照这个示范继续做类似的活动，如把一个不规则形状的物体（例如土豆）放入水中，再去推算它的体积。（如果测量用的烧瓶是按 $\frac{1}{10}$ 升来标记刻度的，那就以 50 立方厘米为一档，取近似值来估算土豆的体积。）

第六节 时 间

在第十三章里（见第 173 页），我们讲了如何教孩子们读出普通时钟上的时刻，例如"2 点过 20 分""2 点过 40 分"，等等。现在，我们要考虑怎么向孩子们介绍数字钟、时刻表和时间间隔了。

· · · 数字钟 · · ·

认识数字钟对于孩子们学习看懂时刻表是非常有用的，因为数字钟是用数字的方式来显示时间的，就如同时刻表一样。当数字钟上显示"2：40"时，此时的时刻就是 2 点过 40 分。把数字钟和普通时钟摆在一起，方便孩子们对比，帮助他们理解数字的含义是什么。数字钟上最难读出的时刻是从整点到整点过 9 分之间的数字。两点钟时，数字钟显示"2：00"；2 点过 5 分时，数字钟显示"2：05"。这里"2：05"里面的"0"是一个占位符，就像它在整数"205"以及小数"2.05"里的作用一样。

孩子们经过反复练习，把普通时钟的时刻转换成数字的记法后，就可以开始学习看时刻表了。

· · · 时刻表 · · ·

教孩子们看时刻表的同时，要教他们理解时间间隔。向孩子们介绍时刻表最好的方法就是帮助他们自己编出一张时刻表，他们所记录下的数字都应该是自己觉得合适的时刻。孩子们可以为两个熟悉的地点之间编写一份公共汽车的行车时刻表（真实的或想象的都可以）。我们假设从滑铁卢到尤斯顿，公共汽车要开 20 分钟。首班车在早上7：10 发车，那么什么时候到达尤斯顿呢？孩子们可以用以下三种方法之一来计算：

（1）如第十五章里那样，手动拨动一个普通时钟。

（2）学着把数字上下对齐，如用竖式做加法。

$$7 : 1 0 +$$
$$2 0$$
$$\overline{}$$
$$7 : 3 0$$

（3）学着使用时间轴。

7:00	7:10	7:20	7:30	7:40	7:50	8:00	8:10	8:20	8:30	8:40	8:50	9:00

　　要想使用这条时间轴找出 7∶10 这班车什么时候到达尤斯顿，我们必须在时间轴上先找到表示 7∶10 的这个点，再向右侧移动 20 分钟的距离，可以 10 分钟 10 分钟地数，数到表示 7∶30 的这个点。

　　虽然方法（1）对于那些仍然需要熟悉普通时钟上指针运动的孩子来说是最合适的，但是到了某个阶段就必须舍弃。而方法（2）让孩子们把数字的相加和时间的相加联系起来，但是要记住，竖式中有一列不是十进制的（例如用这种方法计算 7∶55 再过 20 分钟后的时刻）。方法（3）的优点是把时间和数轴联系起来，同时为孩子们将来做时间方面的绘图作业打下了基础。它和方法（1）一样，到了某个阶段必须被舍弃，但它这种图形化的方式会留在孩子们的记忆中。

　　不管用什么方法来计算公共汽车的到达时间，现在都可以着手编行车时刻表了。假定公共汽车是每隔 10 分钟从滑铁卢开出一辆，我们得先算出这些车从滑铁卢开出的时间，才能算出它们到达尤斯顿的时间。排出这张行车时刻表也有好几种方法。

滑铁卢（出发） 尤斯顿（到达）	7：10 7：30	7：20 7：40	7：30	7：40		

看懂时刻表　在日常生活中我们要适应各种时刻表，而不是自己去编时刻表，所以能不能看懂时刻表是非常重要的。或许孩子们感兴趣的第一个时刻表就是电视节目表。可以给他们一张这样的表，引导他们在时间轴上标出相应的时刻，这样就可以很直观地算出一个节目会持续多久、哪个节目时间最长。

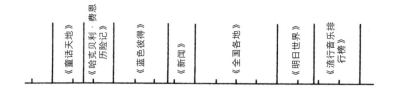

24 小时钟　如果孩子们要看懂公共汽车和火车的时刻表，就要熟悉 24 小时钟。我们可以把时间轴延长到 24 小时，并把夜晚的时间部分涂上阴影，这样孩子们就容易理解了。

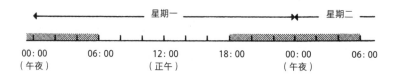

做本章活动所需要的器材

- 尺子和卷尺。

- 圆柱体物品，如罐头盒。

- 一个响轮。

- 用来画圆的卡纸条和圆规。

- 每格都是 1 厘米见方的方格纸。

- 真实汽车、汽车模型。

- 本地地图。

- 用卡纸剪成的角。

- 10 个 10 克的、几个 1 克的和几个 1 千克的砝码。

- 10 个 100 克的橡皮泥球或 10 个 100 克的砝码。

- 天平。

- 用来称重的食品杂货。

- 厨房秤和体重秤。

- 棱长 1 厘米的正方体，表示"十"的方棒，表示"百"的方形板。

- 标准规格的点心勺（容积为 10 立方厘米）。

- 剪成的容积为 0.1 升的酸奶杯。

- 容积为 1 升，每十分之一升有刻度的烧瓶。

- 一个普通时钟和一个数字钟。

- 一份电视节目表。

- 一份公共汽车或火车的行车时刻表。

给读者的建议

1. **周长和面积**　画几个周长为 24 厘米的长方形，求出每个长方形的面积。哪个长方形面积最大？如果你有一条 24 厘米长的绳子，你能用它围出一个比刚才最大的长方形面积更大的图形吗？（答案见第 303 页）

2. **比例**　看第 162 页孩子的手臂图，求出这幅图的绘图比例。

3. **角**　在纸上任意画出一个三角形，小心地把它剪下来，撕下三个角，并排摆好。你观察到了什么？

4. **重量**　用厨房秤称出 20 枚 1 便士的硬币和 10 枚 2 便士的硬币的重量。你发现了什么？

5. **体积**　把一个杯子装满水，再把水倒入一个有刻度的烧瓶里，算出这杯水的体积，记录下来。再往烧瓶里倒水，倒到 500 毫升处，并把满满一杯干豌豆倒进去，记下水面上升后的位置，算出干豌豆的体积。想一想，为什么一杯水的体积和一杯干豌豆的体积不一样？

6. **时间**　测试几个 10 岁和 11 岁的孩子，看看他们能不能看懂数字钟和公共汽车或火车的行车时刻表。

第二十章 | 计算器

> 计算机、计算器、打字机……食物搅拌机、电视机和汽车都是今日世界和明日世界的一部分。学生应该在家中使用这些设备。
>
> ——15 岁的学生

在我们这个时代，便携式计算器随处可见，从未见过或使用过计算器的人已经很少了。因此，学校教学是不可能忽略计算器的。我们将在本章讨论几种方法，通过使用计算器来帮助孩子们学习数学，丰富他们的学习内容。

第一节　计算器和信心

不少成人担心让孩子们使用计算器来计算不太明智，这是可以理解的。如果一个孩子通过计算器知道了 5×10 的答案，那他就失去了一次巩固位值概念的机会。但假如有孩子知道 $5 \times 10=50$，他又在计算器上按下 ⑤ ⊠ ① ⓪ ⊟ 这几个键，他就会对这个机器产生信心。我认为，对于小学阶段的孩子来说，在他们能自己得出答案之前，不应该鼓励他们使用计算器来计算。我们决不能让孩子们因为错把 ⑤ 按成了 ⑥，从而误认为 $5 \times 10=60$。

自由探索计算器是怎样工作的　和所有其他数学设备一样，我们应当在有明确教学目标之前允许孩子们先玩一下计算器，通过自由探索，让他们自己发现计算器的一些功能。在这期间，我们可以通过提出一些问题来了解他们发现了什么。"你能让它得出 12 吗？你能让它得出 102 吗？你能让计算器告诉你 $3+5=$ □ 的答案吗？$5+5+5=$ □ 呢？$3 \times 5=$ □ 呢？你得给 99 加几才能得出 100 呢？怎么样让计算器再次显示出 99 呢？102 必须加多少才能得出 172 呢？怎么样让计算器再次显示出 102 呢？"

检查作业　对于孩子们来说，首次使用计算器，可能是用来检查自己的作业情况。例如，刚做完三位数的加减法计算后，孩子们可能用计算器来检查一下答案对不对。假如计算器显示的答案和自己的不一致，就可以拿着作业去找老师讨论一下。

除法符号（÷）　在前面各章里，我建议孩子们用乘法符号来记录除法。例如，把 144 平均分成 3 份，可以写成 $144=3 \times 48$（见第 245 页）。推迟教孩子们使用"÷"这个符号，是为了帮助他们把注意力集中到乘法和除法的联系上。不过计算器上有

"÷"这个按键,我们可以引导孩子们自己去发现这个按键的功能。可以让他们按 ⑥ ÷ ③ = 这几个键,观察计算器上显示的答案,它表示 6 被平均分成 3 个相等的部分;他们还可以按出 ① ⓪ ⓪ ÷ ① ⓪ = ,注意到计算器上的答案显示出 100 被平均分成 10 个相等的部分。

现在可以让孩子们用计算器来检查他们做的乘法或等量分配的计算。例如,检查 $7 \times 16 = 112$,可以按 ① ① ② ÷ ⑦ = ;检查 $144 = 3 \times 48$,可以按 ① ④ ④ ÷ ③ = 。

估算 要让孩子们能看出计算器算出的答案是否合理,这一点很重要。假如计算器显示 52+49=111,那我们就要怀疑刚才是不是按错键了,因为答案应该接近于 50+50。

在本书前面提到过,孩子们通常不愿意做估算,总觉得估算的答案通常都是"错的"。只有等他们渐渐成熟后,才懂得估算和猜想是数学思维的基础。也许计算器可以为孩子们学习这项重要技能提供一次机会,但我们要引导孩子们先去估算某些计算题的答案(使用容易心算的数),再用计算器来计算。他们的作业可以像下面这样记录下来:

计算题	估算	计算结果
52+49	50+50=100	101
55+47	60+50=110	102
127+452	100+500=600	579
76−28	80−30=50	48
563−208	600−200=400	355
63×7	60×7=420	441
4.8×5.2	5×5=25	24.96

第二节　四位数

我在第十七章里（见第 246 页）讲过，对于已经掌握了三位数中的位值概念的孩子，把他们的概念扩展到四位数时不会有什么困难。不过当我们教孩子们四位数的时候，要告诉他们 1000 就是 10 个 100，还要帮助他们掌握 1000 就是比 999 多 1 的数。在这以后，我们可以看看计算器计算 $100 \times 10 = \square$ 和 $999 + 1 = \square$ 的答案分别是什么，然后就可以让孩子们使用计算器来熟悉四位数了。

位值和加法　下面这样的加法题，可以先让孩子们估算一下答案，再用计算器来检验。对于还不能正确估算出答案的孩子，我们要用结构化教具来帮助他们（如第 246 页所述）。

$$1000+1=\qquad\qquad 1000+100+20=$$

$$1000+5=\qquad\qquad 1000+100+20+4=$$

$$1000+10=\qquad\qquad 1000+1000=$$

$$1000+10+5=\qquad\qquad 2000+3000=$$

$$1000+20=\qquad\qquad 500+500=$$

$$1000+100=\qquad\qquad 300+700=$$

当孩子们表现出已经理解了根据位值来计算的原则后，要让他们做把四位数按大小进行排列的练习。可以让他们做这样的判断：如果三位候选人的选票分别是弗雷德·布朗 2008 票、玛丽·琼斯 2018 票、休·史密斯 1998 票，那么谁能当选呢？

还有一种计算器游戏叫作"凑 3000"，可以用来强化孩子们对"百"和"千"两者关系的认识。这是一个两人游戏，首先在计算器上按出 1000，从这个数开始，一个孩子按键加上 100、200、300、

400 或 500 中的某个数，另一个孩子继续从这 5 个数中挑出一个加在刚才的结果上。两人轮流进行，直到有个孩子加上某数后计算器显示 3000，那么他就是获胜者。

乘几百 已经知道 1000 就是 10 个 100 的孩子，可以做下面这样的乘法题，先猜答案，再用计算器检验。计算 11×100 时，应该教他们这样推算："11 个 100 就是 10 个 100 加 1 个 100，也就是 1000 加 100。"而不是直接说："写出 11，后面加两个 0。"第一种方法是合乎逻辑的推算，第二种方法则仅仅是一种法则的应用。如果孩子们自己在做作业时发现了这条法则，又进一步在做题中试用了它，那么这条法则就成为他们逻辑思维的一部分，而不是一个需要死记硬背的"窍门"。

$$11 \times 100 = \qquad 20 \times 200 =$$

$$16 \times 100 = \qquad 30 \times 200 =$$

$$20 \times 100 = \qquad 40 \times 200 =$$

$$40 \times 100 = \qquad 20 \times 300 =$$

几十乘几十 已经知道"10 个 50 是 500""10 个 40 是 400"等的孩子，可以做下面这样的乘法题，先猜答案，再用计算器检验。计算 20×50 时，应该教他们这样推算："20 个 50 就是 10 个 50 再加 10 个 50，就是 500 再加 500，也就是 10 个 100 或 1000。"而不是直接说："2×5=10，在 10 后面再加两个 0。"孩子们在做作业的过程中很可能会自己发现这个规律，并去检验其正确性。

$$20 \times 50 = \qquad 20 \times 40 =$$

$$30 \times 50 = \qquad 30 \times 40 =$$

$$40 \times 50 = \qquad 40 \times 40 =$$

四位数的计算 现在孩子们可以进一步估算（使用相近的数）四位数的计算结果，再用计算器来计算。他们的作业可以像下面这样记录下来：

计算题	估算	计算结果
1048+1804	1000+2000=3000	2852
5207−1782	5000−2000=3000	3425
5×1123	5×1000=5000	5615
56×105	60×100=6000	5880
47×53	50×50=2500	2491

一些孩子可能会注意到上面第三题计算器的答案接近 6000，而不是他们估算的 5000，因此他们可能会有点不放心。有两个方法可以进一步确认：（1）把估算数调整为 5×1100=5500；（2）用计算器来计算 5615÷5，看看结果是不是 1123。

我有意不去讲通用的四位数的计算方法，因为计算器已经被广泛使用，没有必要再把这种方法教给孩子们，但是教他们学会估算还是很重要的。对于有能力的孩子，我们要鼓励他们去思考如何进行这样的计算。例如，一个有能力的孩子可能会用下面的方法来计算 47×53：

$$
\begin{array}{rl}
40\times50= & 2000 \\
7\times50= & 350 \\
\hline
47\times50= & 2000 \\
47\times\ 3= & 141 \\
\hline
47\times53= & 2491
\end{array}
\qquad
\begin{array}{r}
47\times \\
3 \\
\hline
141
\end{array}
$$

第三节　分数和小数

多数计算器都是用小数形式来表示所有分数的。知道 60 的十分之一是 6（或 60÷10=6）的孩子应该能猜出 61 的十分之一（或 61÷10）会比 6 略大一点。计算器会直接告诉他们 61÷10=6.1。可以让他们先估算其他除法题的答案，再用计算器来计算。他们的作业可以像下面这样记录下来：

计算题	估算	计算结果
61÷10	60÷10=6	6.1
41÷4	40÷4=10	10.25
33÷8	32÷8=4	4.125
30÷7	28÷7=4	4.2857142
10÷3	9÷3=3	3.3333333

孩子们可能想知道计算器上显示的 4.125 中的"5"表示多少。可以告诉他们，这就像这个数中的"1"相当于"十分之一"，"2"相当于"百分之二"一样，这个数中的"5"就相当于"千分之五"，因为 10 个千分之一就是百分之一。孩子们可能会好奇地发现上面最后一题在计算器上的答案，用小数记数法可以这样一直继续算下去，每一个小数数位都表示比前一个数位更细分的一部分（是前一个的十分之一）。

当孩子们做完这类除法题后，要让他们用乘法来验算。例如，计算器显示 6.1×10=61，那就确认了上面第一题的答案是对的。不过计算器显示 3.3333333×3=9.9999999，这就说明上面 10÷3 的答案是不够精确的。

在这个阶段,我们可以向孩子们介绍被除数比除数小的除法运算,如 $4 \div 10$。一开始,我们应该把除数限制为 10 或 10 的因数。让孩子们先用分数形式记录除法答案,然后估算成小数形式。他们的作业可以像下面这样记录下来:

计算题	分数	估算的小数	计算结果
$1 \div 10$	$\dfrac{1}{10}$	$\dfrac{1}{10} = 0.1$	0.1
$4 \div 10$	$\dfrac{4}{10}$	$\dfrac{4}{10} = 0.4$	0.4
$1 \div 2$	$\dfrac{1}{2}$	$\dfrac{5}{10} = 0.5$	0.5
$1 \div 5$	$\dfrac{1}{5}$	$\dfrac{2}{10} = 0.2$	0.2
$2 \div 5$	$\dfrac{2}{5}$	$\dfrac{4}{10} = 0.4$	0.4
$1 \div 4$	$\dfrac{1}{4}$	$\dfrac{2}{10} = 0.2$	0.25
$1 \div 9$	$\dfrac{1}{9}$	$\dfrac{1}{10} = 0.1$	0.1111111
$3 \div 9$	$\dfrac{3}{9}$	$\dfrac{3}{10} = 0.3$	0.3333333

第四节 数的规律

数学被称为"研究规律"的学科。正如我们之前已经了解的，对数的规律的探索可以有效引导孩子们进行数学上的研究，最终还会把他们引向代数学习。孩子们可以先通过简单的心算来寻找规律，然后再用计算器来检验，这种活动通常都能激发他们的兴趣。

乘法表的规律 对于小学生来说，最应该让他们记住的关于数的规律，可能就是乘法口诀表中所体现的规律了。例如"5"的乘法表的规律是，每个 5 的倍数的最后一个数字是按"5、0、5、0"的规律变化的。孩子们可以预测一下，如果用计算器计算任何一个数乘 5（如 632×5 或 623×5），计算器所显示的数的最后一个数字是几。

"8"的乘法表的规律是，每个 8 的倍数的最后一个数字是按"8、6、4、2、0、8、6……"的规律变化的。孩子们可以预测 63×8、145×8 等乘法的答案的最后一个数字是几。他们还可以把范围扩大到 153×18、145×28 等乘法，预测其答案的最后一个数字是几。

判断数能否被整除 孩子们在学习"3"的乘法表时可能已经注意到，把 3 的倍数的各个数字加起来，会得到 3、6 或 9。这条法则对于表外 3 的倍数是不是也同样适用呢？我们可以用计算器算出 42、126 和 1101 是可以被 3 整除的，且它们的各个数字相加分别是 6、9、3。但是像 39、78 和 99 这样的 3 的倍数，它们的各个数字相加却分别是 12、15 和 18。这样说来，似乎这条法则应该扩大一下，换一种描述："如果一个数是 3 的倍数，那么其各个数字之和也是 3 的倍数。"

那么，不是 3 的倍数又怎么样呢？计算器告诉我们，46、173 和 3185 不是 3 的倍数，它们的各个数字相加也不是 3 的倍数。因此，我们可以重新描述这条法则，用来判断一个数能否被 3 整除："如果一个数的各个数字之和是 3 的倍数，那么它就是 3 的倍数；如果它的各个数字之和不是 3 的倍数，那么它也不是 3 的倍数。"

能被 6 整除的数一定是偶数，且也能被 3 整除。孩子们可以利用这两个标准来判断一个数能不能被 6 整除，再用计算器来检验自己的判断是否正确。

其他数的规律　孩子们对数的规律掌握得越多，就越有利于为他们未来学习代数打好基础。一个代数恒等式，如 $(n+1)^2=n^2+2n+1$，表示的是一种数的规律的一般化形式。字母 "n" 可以表示任何数，等式总是成立。对任何数都适用的规律可以引导孩子们理解 "变量" 这样的复杂概念（如上面的 n）。不过在当前阶段，我们关心的不是代数，而是数的规律。孩子们研究的每一种规律，都应该能从几个简单的例子中发现。然后孩子们就可以用这样的规律来预测大数，并用计算器来检验他们的结果。例如，孩子们如果注意到前 2 个奇数之和是 4，前 3 个奇数之和是 9，就能预测前 10 个奇数之和是 100。未来他们学习代数时就会把这个规律表达为 "前 n 个奇数之和为 n^2"。

孩子们也可以通过研究下面这样的乘法算式来总结其中的规律：

$$2 \times 2=4 \qquad 3 \times 3=9 \qquad 4 \times 4=16$$
$$1 \times 3=3 \qquad 2 \times 4=8 \qquad 3 \times 5=15$$

当孩子们继续按这种规律写出几组算式后，就可能做出这样的预测："因为 $20 \times 20=400$，所以 19×21 一定是 399。"当他们未来学习代数时，就能把这个规律表达为 "$(n-1)(n+1)=n^2-1$"。

负数　孩子们可能会很自然地发现，计算器对于 "无法进行" 的减法也会给出答案。例如 5-8，计算器显示的答案是一个带有 "减号" 的 3，不同的计算器显示的方式可能不同。这个答案我们记作 "-3"，念"负三"。（3 前面的"减号"，并不代表"去掉"，它实际上是这个数本身的一部分。）

那么，"–3"这个数到底是什么意思呢？让我们先来看看计算器对"0–1"这道题给出的答案是什么。计算器告诉我们 0–1=–1。因此"–1"一定是比 0 小 1 的数。同样地，0–2=–2，所以"–2"是比 0 小 2 的数，那么"–3"就是比 0 小 3 的数。我们可以告诉孩子们这些新的数叫作"负数"，它们是用来描述比 0 还小的量的，例如低于 0℃的温度或"0 点"之前的时间。

现在可以让孩子们预测下面这些题的答案，并用计算器来检验答案是否正确。要根据其中几道题来编故事。例如："温度是 2℃，然后下降了 4℃，现在变成 –2℃了。"

$$1-1 \qquad 2-1 \qquad 3-1$$
$$1-2 \qquad 2-2 \qquad 3-2$$
$$1-3 \qquad 2-3 \qquad 3-3$$
$$1-4 \qquad 2-4 \qquad 3-4$$

用这种平稳的方式介绍了负数之后，就可以让孩子们在数轴上标记一些点来表示负数了，并利用这条数轴来帮助他们计算诸如 4–6、0–5、–3+5、–2+7 等练习题。他们还可以回答这样的问题："温度是 –3℃，然后上升了 5℃，现在是多少℃？""14 年前你几岁？"（一个 10 岁的孩子或许会说"负 4 岁"，他可能会觉得这样很有趣。）

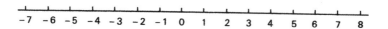

第五节　计算器的存储键

计算器上的存储键为孩子们提供了一种把计算器和计算机联系起来的过渡性活动。我们可以引导孩子们把计算器的内存看成一个隐藏起来的存储空间，数字可以在那里相加。只要按下 M+ 键，计算器上显示的数字就被加到了存储空间里原有的数字上，这样存储空间里的数就是两数之和。 RM 键① 能显示隐藏在存储空间中的数，把它提取出来。假如孩子们依次按下 1 M+ RM 键，只要他们喜欢，可以一直这样按下去，这时他们就会注意到，按下 RM 键所提取出来的数是按 1、2、3、4 这样的规律变化的。然后可以让他们照着以下顺序按键，并让他们预测按下 RM 键后，会提取出什么数。

2　M+　RM　2　M+　RM　2　M+　RM…（2，4，6…）

6　M+　RM　6　M+　RM　6　M+　RM…（6，12，18…）

1　M+　RM　2　M+　RM　2　M+　RM…（1，3，5…）

1　M+　RM　3　M+　RM　5　M+　RM…（1，4，9…）

然后我们可以让孩子们尝试自己设计和编写类似的"程序"，使得按下 RM 键可以提取出的数是"7"的乘法表的得数，或者是一组总和不断在累加的数。

平均数　假设我们想求出 16 个孩子对应的家庭里总共有多少个孩子，就要把每个家庭的孩子总数依次输入计算器，存储起来。假设这 16 个孩子中没有亲兄弟姐妹，那么我们就得到 16 个数。 RM 键会显示这 16 个家庭中孩子的总数。假设总数为 32，若这 32 个孩子平均分配给 16 个家庭，则每个家庭都有相同数量的孩子。要求出平均

---

① 现在我们常用的计算器上，这个键一般显示为 MR 或 MRC 。

每个家庭有多少个孩子，我们就必须用32除以16。32÷16的答案是2，我们就可以说："2是每个家庭孩子的平均数。"假设16个家庭的孩子总数为40，那么每个家庭孩子的平均数就是2.5。孩子们会好奇于平均数不一定是整数，尽管一个家庭里不可能有半个孩子。他们还可以用计算器算出一组孩子的平均年龄、平均身高和平均体重。

第六节　用计算器做研究

　　有时候，做一项研究或一项设计，会涉及很复杂的计算。在第十九章里（见第 269 页），我们讲过把一辆汽车的尺寸和它的模型的尺寸做比较，来研究它的比例。在当时所用的例子中，比较容易看出模型的比例是 1 比 50。但是，假设真实汽车是 310 厘米长而模型是 6.5 厘米长，要求出这个比例，就要拿 310 除以 6.5。计算器告诉我们，这个模型的比例是 1 比 47.692307。可以把这个数储存在计算器里，再乘以有关的数来预测真实汽车的各种尺寸。

做本章活动所需要的器材

· 便携式的带有 M+ 和 RM 键的计算器。

给读者的建议

1. 不采取通常的乘法或除法竖式运算，用几种不同的算法来完成下列计算：（1）41×29，（2）555=15×□。然后用计算器来检验你的答案是否正确。

2. 使用计算器的存储键进行求和计算：1+2、1+2+3、1+2+3+4……每次输入新数字时按 RM 键，记下这些显示的数字，如 3、6、10，等等。这些数叫作"三角数"。可以检查一下任意两个连续的"三角数"之和是否都是一个平方数。你知道为什么会这样吗？可以参考下面这张图。（答案见第 319 页）

3. 在第 297~298 页，我们遇到了一项活动：判断一个数是否能被 3 整除。请设计同类活动，看看能不能判断一个数能否被 9 整除。

第 288 页问题的答案

正方形的面积最大。比正方形面积更大的是圆形。

第二十一章 | 学习理论

> 我结婚前，我有六种关于如何养育子女的理论。现在我有六个孩子，却没有理论。

> ——罗切斯特伯爵

我们在这本书里研究了孩子们学习数学的几种方式：第一，他们对具象实物进行的体验；第二，他们用于表达这些体验的口头语言；第三，他们用于表示这些体验的图画；第四，他们用于概括这些体验的数学符号。我们把这个过程总结为"体验—语言—图画—符号"四个步骤。在这最后一章，我们将了解四位心理学家的学习理论，他们都对孩子们的数学学习做过很多研究。

学习理论可以用来解答孩子们是怎么学习数学的，在本章最后一部分里，我们将会遇到另一方面的问题：为什么孩子们学习数学会产生障碍？对此，我们尝试提供一些可能的解答。

第一节　皮亚杰

在第八章里，我们简单介绍过皮亚杰的研究方法以及他的认知发展理论。皮亚杰认为儿童的认知发展（思维发展）是与生物学意义上的发展紧密相连的，认知的发展遵循一种不变的顺序，一步接着一步发生，它纯粹是一种生物学发展过程，无论通过多少教学都不能使其加速。

除了这一认知发展理论外，皮亚杰还创立了发生认识论来解释学习是如何发生的。他认为，学习有别于认知发展。尽管学习的发生和认知发展的相关阶段有关，但它是通过与周围环境的互动来实现的。皮亚杰说"Penser，c'est opérer"[1]，他的意思是，思维和学习都是从行动上或心理上把周围环境中的事物拆分，然后重新建构的过程。

皮亚杰提出学习有这样三个基本阶段：第一阶段，在心理上先形成某种概念；第二阶段，根据体验来修正对概念的理解；第三阶段，把不同的概念建构起来形成结构[2]。让我们再次以第一章讲述的一个孩子学习"球"的概念的故事（见第5页）为例，来解释这三个阶段。

第一阶段：当一个婴儿能从被子底下把藏起来的球重新找出来时，说明他已经具有"球"这个概念。他并不是依靠感觉来找出球的，而是通过头脑思考知道球在那儿。

第二阶段：当他把其他颜色、尺寸不同的球状物体也称作"球"的时候，说明他已经通过体验修正了对"球"的理解，"球"不仅仅是指他自己的那个球，还代表了一类和自己的那个球在某些特定方面

---

[1] 这是一句法语，意思是"思维就是操作"。

[2] 为什么说是"结构"，读者可以进一步理解，因为结构包含秩序，即下文中孩子说"球滚了"，却不是说"滚球了"，说明他不是孤立地理解"球"和"滚"这两个概念，而是知道它们之间的关系，明确了表达的顺序，这就是结构。我们的语言是具有结构的，当然数学也是如此。

有着共同属性的物体。

第三阶段：当他告诉我们"球滚了"，说明他已经能把两个概念联系起来形成"结构"。这句话联系了"球"和"滚"两个概念。

皮亚杰认为，"适应"是学习的基本要素。他说："智慧就是适应。"正如一个有生命的有机体会根据环境来调整它们的行为，有智慧的生物也同样会根据体验来调整他们的心理思考过程以适应环境。皮亚杰认为，我们通过两种方式之一来实现适应，即同化和顺应。

同化 同化，是把新的体验纳入我们原有的概念的过程。皮亚杰说："智慧就是有能力通过同化把一切体验中的数据都整合到心理活动的框架中。"一个孩子看到过 5 辆汽车，然后又能描述"5 只小猫"，那么他就是在把一个新的体验同化到"5"的概念中。从另一个方面来说，孩子们在同化过程中可能会出现概念不符合常规理解的情况。如在第二章里（见第 7 页），我们讲过这样一个故事：海伦把碗称为"洗澡盆"。那是因为她把这种新的体验（看到碗这样的事物）同化到"洗澡盆"这个概念中，她概念中的"洗澡盆"是"装水的东西"的意思。

顺应 顺应是一种通过限制概念或扩大概念的范围来纠正对概念的理解的过程。海伦需要限制她对"洗澡盆"概念的理解，把"碗"从"洗澡盆"这个概念中排除出去。另外，孩子们学习了"5"这个符号表示的是"五"，但在遇到"54"这个数字的时候，就必须扩大对"5"这个概念的理解，因为现在"5"表示的是"五十"。

我们或许可以把同化称为一种"舒服的适应"，而把顺应称为一种"不舒服的适应"。顺应在我们现有的概念和新的体验之间造成了一种不平衡。例如，你肯定理解"香蕉"这个概念，但是假设有一天你遇到一种东西，形状、味道都类似香蕉，但却是蓝色的，你会有什么感觉？现在蓝色香蕉或许对你来说是不可思议的，不过作为一次体验的收获，你很可能会扩大自己对"香蕉"这个概念的理解。一个孩子接受了"5"在某些时候还表示"五十"的意思，其处境和你看见蓝色香蕉是一样的，他的世界暂时性地发生了一次颠覆。而学习的过程看起来就是由"舒服"的同化和"不舒服"的顺应两者共同构成的。也许这就是为什么我们常常把学习比喻为跳跃式前进而不是稳步攀登。

皮亚杰坚持认为"适应"是伴随"学习"而发生的必要过程。他说："每次你把孩子们本来能自己发现的事物告诉了他们，你就阻碍了他们自己去发现，阻碍了他们通过同化和顺应去建构知识的过程。"第二十章里的一个例子（见第 293 页）或许可以用来说明这段话的意义。如果我们教孩子们计算 11×100 是在 11 后面直接加两个 0，那么他们除了疑惑，什么也没有学到。如果是他们自己发现了这个规律，他们就会对数字系统的构成有深入的理解。

这本书中提供的绝大部分练习都是在帮助孩子们把新的体验同化到他们已有的概念系统中，而有一部分练习则是在帮助他们根据新的体验来纠正自己对概念的理解，即顺应。假设你正给孩子们设计练习题，那么请思考一下你的目标是两个过程中的哪一个，你会发现这是很有用的。

第二节 理查德·斯根普

英国心理学家理查德·斯根普提出过这样一种观点：人类所建立的各种概念是有层级的。斯根普认为，"红色"是一种"初级"概念，因为它是通过感觉（我们的视觉）获取信息而形成的。"球"这个概念也是依靠感官信息建立起来的。

斯根普坚称，人类的"二级"概念是建立在初级概念基础之上的。我们不能立刻形成"2"这个概念，而是要认识许多具有这种共同属性的一对对的事物之后才能形成（如看见一对红色的物体，两个球形的物体）。根据斯根普的观点，"2"是一个二级概念，因为它的形成是建立在认识初级概念的基础上的。同样地，我们不能先形成"颜色"的概念，只有已经具有"红""黄""蓝"等初级概念之后，我们才能形成"颜色"的概念。"颜色"和"2"一样，都是二级概念。概念层级会继续建构下去。我们不能先形成"数"的概念，而是先理解"2""3""4"等概念之后，才能进一步形成"数"的概念。根据斯根普的观点，"数"是三级概念，"加法"则是四级概念。数学比大多数学科所包含的概念层级都要多，对于一个特定概念，我们必须先理解其依赖的次一级概念，才能真正理解这个特定概念。

把数学看成一个由各个概念层级组成的层级系统，会有助于我们组织要教给孩子们的那些数学知识。不过这个理论并没有告诉我们孩子们是怎么学习这些概念数学的。斯根普提出了一种学习理论，该理论考虑了目标和动机这一重要问题。他说，学习是"以目标为导向的指挥系统的改变，这种改变有助于达到目标的最佳状态"。根据斯根普的说法，指挥系统是一个有机体的一部分，它指导和组织自己的行为，以达成目标。以人类为例，我们可以把这个指挥系统看成大脑的一部分的模型。这个指挥系统的效能受情绪的调控。例如，"愉悦感"所发出的信号是大脑接近或达到"目标状态"；"自信感"所发出的信号是大脑感觉有能力达到"目标状态"；"不悦感"所发出的信号是从"目标状态"撤退；"挫败感"所发出的信号则是无法接近或达到"目标状态"的信号。斯根普通过在拼图游戏中找到正确的一块的过程来说明这几种情绪。拼图的时候，目标是找到正确的一块，自己找到并拼上，使人产生愉悦；然而当有人来干预，并向我们指出是哪一块，我们就可能会感到沮丧，产生挫败感。

斯根普说，除了"目标状态"，还有一种我们需要极力避免的状态，即"反目标状态"。和"反目标状态"有关的情绪有："恐惧感"，它所发出的信号是这件事将要发生；"焦虑感"，它所发出的信号是无法避开这件事；"解脱感"，它所发出的信号是终于可以摆脱这件事；"安全感"，它所发出的信号是有能力摆脱这件事。

如果遇到一个数学问题，我们的指挥系统就会把它记录下来，并把这个信息传递到情绪系统中；情绪系统反馈给指挥系统一个"自信"的信号，就像这样："这是一道令人兴奋的题，快来做吧！"或者给出一个"焦虑"的信号，就像这样："这道题太难了，别费劲啦！"毫无疑问，情绪在我们的学习中占据着主导地位，后面我们还会具体谈到这个问题。

第三节　杰罗姆·布鲁纳

在第八章里（见第 92 页），我们提到了杰罗姆·布鲁纳，他是质疑皮亚杰的"学习完全从属于生物学意义上的发展"这一理论的心理学家之一。与皮亚杰相反，布鲁纳认为"任何思想或知识体系都能以一种足够简单的形式呈现出来，以便任何特定的学习者都能以可识别的形式理解它"。这种颇具吸引力的观点似乎有些言过其实，例如，不管我们用什么样的形式，都不太可能让 4 岁的孩子学会微积分。换个角度说，布鲁纳关于容积守恒的教学项目（见第 93~94 页），似乎对于 4 岁的孩子来说也不会产生什么效果。

布鲁纳创立了一种学习理论，这个理论放到数学背景下来讲显得特别有趣。他认为学习本质上是概念形成的过程，而概念形成可以看成"一种抽象概念在不同的物理情景下的多样化体现"。布鲁纳说，为了形成这些抽象概念，我们需要在心理上建立一个意象库。他说，我们形成概念的方式，在于使用这样三种表征世界的模式：（1）表演模式（又称为动作表征）；（2）肖像模式（又称为形象表征）；（3）符号模式（又称为符号表征）。

你可能会注意到这三种模式和本书中多次提到的"体验—语言—图画—符号"这四个步骤相似。"表演模式"可以对应于"体验"这个步骤，"肖像模式"对应于"图画"这个步骤，而"符号模式"就相当于"语言"和"符号"这两个步骤（一个口头，一个书面）。布鲁纳没有把"符号模式"像我们这样细分成两种，但似乎在数学领域里有必要把两者分开考虑。所有听力正常的孩子都会学习说话，但学习阅读、书写符号，比起语言交流来说，具有更低的自发性。

··· 布鲁纳的教学理论 ···

既然教学的目标是学习，那么在此似乎应该提及布鲁纳的教学理论。布鲁纳认为，教师需要考虑以下几个要点：第一，孩子们的学习倾向；第二，所学知识的结构形式；第三，知识按什么顺序呈现；第四，提供的动机和奖励办法。

学习倾向 孩子们的学习意愿是根深蒂固的，不想让他们学习其实很困难，因为他们具有一种内在的好奇心。但是，布鲁纳说，这种好奇心需要被引导，引向他所说的"指导下的发现"（布鲁纳的发现学习论），这种发现基于那些精心选择的体验活动，以及用来表征这些活动的语言、图画和符号。

知识结构 布鲁纳说，让孩子们做的练习题，要能够"大声喊出"将其简化为概念形式。我们可以参考本书第 51 页的例子，其中包括四道加法题：3+2、2+3、2+4、4+2。这些题目可以说就是在"大声喊出"将其简化为加法交换律的概念。布鲁纳说，教师的职责就是帮助孩子们描述自己的发现，这样他们就能够发展出所需的概念。这个加法交换律的概念，孩子们可能会用自己的语言来表达："两个数加起来，不管按什么顺序相加，它们的结果总是一样。"

顺序 知识呈现的顺序会直接影响孩子们学习的难易度。数学教学中并不存在一种最佳顺序（尽管你可能发现有人这样说）。要实现同一个目标，我们可以选择不同的路径。而且由于存在个体差异，构建多条路径是非常重要的。（例如，一个经常购物的孩子，很可能通过钱币学习到位值的概念；但是对于缺乏购物体验的孩子来说，他们就可能通过其他体验来学习位值这个概念，并反过来把它应用到钱币上。）布鲁纳断言，我们要把课程设计成"螺旋式"的。起初，我们可以使用常见的但是不太准确的语言来表达概念。到了后期，同样的概念就需要通过修正，用更准确的方式表达。例如，最开始孩子们会使用"正方形"这个词来描述一些基本概念——这是他们对某些特定图形的感官信息形成的反馈。后来，他们就会把"正方形"这个词和长度相等、直角、对称等联系起来。3岁的罗伯特说到"正方形的三角形"，我想他的意思是指等腰直角三角形，只不过他使用了不准确的语言。

动机和奖励 布鲁纳说，让孩子们感觉他们的学习正朝着一个目标前进，这点很重要。他们获取的知识必须被看作一种有益的工具。我们要激励孩子们，让他们知道学到的新知识可用于取得什么样的成就。布鲁纳说，对于孩子们来说，学习最重要的回报并不是来自成人的表扬，而是内心的满足。如果孩子们能够订正自己的数学作业，如果一个答案是正确的，并不是因为老师这样说，而是因为计算器证实了它是对的，或是通过测量来验证的，或是根据规律来证实的，那么他们就会感受到这种内在的满足感。

布鲁纳说，当我们研究动机和奖励时，应该考虑孩子们准备学习的意愿。某一特定的知识点能否让他们感受到数学所涉及的内容，并使他们能够"超越它"？或者能否让他们觉得数学有着一套特殊的规则？对此，我们或许可以这样说（带着点矛盾的心理）：快乐来自复杂变简单。当面对"复杂变简单"的时候，我们有时会想，为什么我们没有自己去发现它？如果是我们自己主动发现的，那该多好啊！

第四节　卓顿·迪恩斯

对于卓顿·迪恩斯的学习理论，我们或许可以概括成这样一句话：他把学习看成进行一个越来越复杂的游戏的过程。这个看法即便不能让人完全信服，也十分有吸引力。让我们来看看他所说的"游戏"是什么意思。

迪恩斯主要讲了这样两类游戏形式：初级游戏和次级游戏。他说，初级游戏是指用物体进行的活动，其目的是满足当下愿望和本能；次级游戏是指有意识进行的活动，其目的是超越当前的愿望。我们可以把婴儿试图抓住响铃的活动看成初级游戏，他可能纯粹满足于抓住响铃这个目的。后来，当他运用所学技能去抓住响铃并使其发出声音，那么可以说他从这种次级游戏中获得满足。迪恩斯说，数学游戏也可以分成这样两类。初级游戏包括那些为了自己的目的而对器材进行的操作、观察和研究。次级游戏则包括使用这些器材来建构、发现规律，并对这些发现的规律形成抽象的猜想，归纳出规则。在次级游戏之后可能进入另一个阶段的初级游戏，把前一阶段形成的规则当作可以操作的器材，观察并研究它们本身。于是这个进程就这样持续进行下去。

根据迪恩斯的观点，次级游戏中可能包含有抽象、符号化和归纳。让我们来看看这些术语到底是什么意思。

抽象　根据迪恩斯的观点，抽象就是从不同的事物中总结出共同属性，同时排除"噪声"（见第 17 页）的过程。他说，进行抽象，头脑中要有几次具象的体验。例如，在给一对物体标上"2"之前，就需要能够回忆其他一些同样标有"2"的物体。

符号化　就像布鲁纳一样，迪恩斯也没有把口头的语言符号和书面的符号加以区分。他说，符号是用来表示通过抽象的过程所汇集起来的类别。我们可以在这里举一个例子：一旦孩子们形成"2""3"和"5"的抽象概念，能说"2个玩具加3个玩具就是5个玩具"，我们就可以鼓励他用书面符号表示为"2+3=5"，或是口头表达"2加3就是5"。迪恩斯说，如果过早地引入符号，符号就会成为一种空洞的形式，而不是辅助思维的东西。对于那些仅仅知道"2个玩具加3个玩具就是5个玩具"这句话可以写成"2+3=5"的孩子，并不意味着他们具有轻易把其他事例概括成这道算式的能力。

归纳 根据迪恩斯的看法，归纳就是扩大"类别"的范围，以便可以包容新的情况。例如，一个孩子预测了"2件东西加3件东西就是5件东西"，那么他可能是把"2个玩具加3个玩具""2颗糖加3颗糖"等体验归纳了起来。

· · · 多元化的原则 · · ·

迪恩斯说，如果要帮助孩子们形成抽象思维和进行归纳，我们就需要提供多元化的活动体验，在这个过程中排除体验中的"噪声"，保留我们希望他们形成抽象概念的部分。例如，假如希望孩子们形成"2加3就是5"这个概念，我们就需要提供大量的各种各样的实物和测量活动，用来证实这种抽象形式。不过迪恩斯对这个建议提出了限制。他注意到年幼的孩子归纳的范围比成人的窄，一旦我们引入太多的例子来进行归纳，孩子们就可能会被各种各样的"噪声"分散注意力。我同意这一点。例如，第141~142页提供给读者的练习是为了加深读者对位值的理解。我不会把这种题目拿去给小学生做，因为掌握十位和个位的进位方式，可能已经需要他们全力以赴。给读者出的这道题，进制已经发生变化，不再是十进制了。

第五节　**为什么有的孩子学不好数学**

为什么有的孩子学不好数学？常常有人提这样的问题。这个问题提得过于消极了，让人难以接受。如果我们知道孩子们是如何在学习数学上取得成功的，那么我们一定会知道在学习上受挫的孩子的经历中缺少的是什么。当然，因为这个棘手的问题经常被提及，所以我们将尝试从学习进度、焦虑感、理解力和学习态度这四个方面来进行回答。

· · · 学习进度 · · ·

皮亚杰的狂热追随者可能会说，我们什么都教不了孩子们，因为他们的认知发展和身体成长一样，有着自身的规律。而布鲁纳的追随者可能会说，我们可以教任何人任何知识。真理就介于这两个极端之间的某个位置上。更重要的是，对于两个不同的孩子来说，真理从来都不是相同的，而这一点就是成人试图帮助孩子们应对学习数学的挑战。孩子们不仅以不同的方式学习，还以不同的速度学习。研究表明，7 岁的孩子可能存在的数学能力差异，其能变化范围在普通的 5 岁孩子到 9 岁孩子之间；而 11 岁孩子的能力变化范围则可能在普通的 7 岁孩子到 15 岁孩子之间。如果一个 11 岁的孩子的能力处于较低水平，却被要求达到 11 岁孩子的平均水平，那么他就会感到困惑，就可能在绝望中不求理解，而只是死记硬背一些法则。

· · · 焦虑感 · · ·

焦虑类似于绝望。在本章第二节里，我们提到了斯根普对情绪的关注（见第 309 页），在第三节里提到了布鲁纳对动机的关注（见第 312 页）。实际上，确实存在过度激励。一些心理学家已经表明，高度的焦虑感会阻碍学习，这就是为什么游戏变得如此重要。孩子们不是为了变得敏捷才去奔跑、攀爬，而是因为那样做使他们内心感到快乐。然而，他们会因为热衷于练习奔跑和攀爬而变得更加敏捷。如果他们认为数学本身就是令人愉悦的，那么就会学得更好。

··· 理解力 ···

理解是一个连续过程。在一生之中，你会始终不断去扩大或者限制头脑中的概念，从而增进你对世界的理解。（也许，你因为读了这本书而扩大了对"数学"的理解。）根据皮亚杰的观点，你的理解力取决于你的适应力。根据迪恩斯的观点，你的理解力取决于你包容多元化的能力。（若你接受不了第 141~142 页"给读者的建议"中的第一条，那么你对位值的理解可能就只限于十进制了。尽管这在日常生活中并不会造成障碍，但是可能会限制你对数学的进一步认识，例如理解多项式理论的能力。）

因此，孩子们对数学的理解也是渐进式的。我们无法确切知道每个孩子都达到了什么样的程度。例如，一个孩子理解了"28"的意思就是"20 加 8"，他也许能或也许不能把这个知识扩大到"68"的意思就是"60 加 8"。若不能，他就需要更多体验，在接触新的数学概念之前，应该多操作那些表示"十"和"个"的结构化教具。对于试图帮助这个孩子的成人来说，没有捷径可以走。

··· 学习态度 ···

研究表明，孩子们对于数学的态度似乎在 11 岁时就固定了。那些说"我不会做数学题"的成人通常是在 11 岁时就形成这样的看法。如果你不喜欢某样事物，就会倾向于避开它，甚至害怕它，这就形成了通常心理学上所说的"阻塞"。这种"阻塞"通常是为了抵制进一步学习数学所产生的痛苦。如果我们能让孩子们在 11 岁前保持对数学积极好奇的态度，那么不管他们的能力如何，我们都可以避免孩子们发生这种"阻塞"。

第六节　结　论

教师面临着既要"让孩子们学完教学大纲所包含的课程"，又要让孩子们有足够的时间来形成健全的数学概念的两难境地。尽管学完教学大纲的课程是一个可以理解的目标，但是从长远来看，它可能是不够的。即便是那些看起来非常擅长数学的孩子，够得上我们这本书所提到的水平，一旦他们学会通过记忆那些"窍门"来替代理解概念，那么可能很快就"卡住了"。我的大提琴老师经常说："如果某个时候你听到自己拉出来的曲调走调了，那很可能是因为之前你就走调了。"如果你在数学的某个地方没有弄明白，感到迷惑不解，那很可能是因为你之前的理解还不够，即使在当时没有发现。如果我们让孩子们的数学学得"走调了"，那就是在给他们的未来留下问题。

让我们回到"体验—语言—图画—符号"这四个步骤上吧！也许这一章比其他章节更清楚地阐明了情绪在数学学习中的重要性。作为一种情绪刺激，孩子们需要通过那些他们感兴趣的真实器材以及问题来激发自己的学习意愿，他们还需要通过语言表达来分析和讨论这些问题。许多老师说，教别人数学会帮助他们自身更好地理解一些数学问题。孩子们也需要类似的机会。他们还需要利用图画和图表来阐明某个问题的本质要点。最后，他们要用有意义的数学符号来解决和归纳一个问题。我国有一句古老的谚语："听而易忘，见而易记，做而易懂。"这实际上就是在讲体验、语言和图画。它表达了体验是帮助理解的最重要的一步，而图画则是帮助记忆的窍门。若是没有这两者，单纯用语言表达就不会起到什么作用。

祝你们一帆风顺地带领孩子们进入迷人的数学世界！

第 303 页问题的答案

下图有助于解释为什么任意两个连续的"三角数"之和都是一个平方数。

索 引

著作合同登记号 图字：11-2022-242

图书在版编目（CIP）数据

儿童怎样学习数学：给父母和教师的指南 /（英）
帕梅拉·利贝克（Pamela Liebeck）著；大陆译. -- 杭
州：浙江科学技术出版社，2023.1（2024.10 重印）
　书名原文：How Children Learn Mathematics
　ISBN 978-7-5739-0273-3

　Ⅰ.①儿… Ⅱ.①帕… ②大… Ⅲ.①数学 – 儿童读
物 Ⅳ.① O1-49

中国版本图书馆 CIP 数据核字 (2022) 第 213815 号

书　　名	儿童怎样学习数学：给父母和教师的指南	
著　　者	〔英〕帕梅拉·利贝克	
译　　者	大陆	

出版发行　浙江科学技术出版社
　　　　　杭州市拱墅区环城北路 177 号 邮编 310006
　　　　　办公室电话：0571-85176593
　　　　　销售部电话：0571-85176040
　　　　　网址：www.zkpress.com
　　　　　E-mail：zkpress@zkpress.com
封面设计　墨白空间·黄　海
印　　刷　天津中印联印务有限公司

开　　本	889 mm×1194 mm 1/32	印　　张	$10\frac{5}{8}$	
字　　数	255 000			
版　　次	2023 年 1 月第 1 版	印　　次	2024 年 10 月第 6 次印刷	
书　　号	ISBN 978-7-5739-0273-3	定　　价	60.00 元	

选题策划　北京浪花朵朵文化传播有限公司
出版统筹　吴兴元
项目统筹　尚　飞　　　　　特邀编辑　宋燕群　贺艳慧
责任编辑　卢晓梅　　　　　责任校对　张　宁
责任美编　金　晖　　　　　责任印务　叶文炀

官方微博　@ 浪花朵朵童书
读者服务　reader@hinabook.com 188-1142-1266
投稿服务　onebook@hinabook.com 133-6631-2326
直销服务　buy@hinabook.com 133-6657-3072